全国高等职业教育计算机类规划教材·实例与实训教程系列

# Photoshop CS3
# 设计与制作实例教程

卢正明　主　编

U0129001

电子工业出版社

**Publishing House of Electronics Industry**

北京·BEIJING

# 内 容 简 介

　　本书通过大量的应用作品全面讲解了利用 Photoshop 进行图形设计与制作的创意、方法及技巧。全书共分为 4 章：第 1 章讲解了利用 Photoshop 进行艺术字和滤镜特效的制作方法；第 2 章讲解了利用 Photoshop 进行构图设计与创意技巧的制作方法；第 3 章讲解了利用 Photoshop 进行平面设计与装帧的制作方法；第 4 章讲解了利用 Photoshop 进行立体效果与浮雕效果的制作方法。全书将基本功能和设计技巧结合在一起，通过丰富的作品进行讲解，提供一种很有针对性、易学易用的学习方法，其内容丰富翔实，有很强的实用性和可操作性，是一本适合初、中级用户入门和提高的教材，对高级用户也有一定的参考价值。

　　本书适合各类大、中专院校和高等、中等职业学校的工艺美术、美术设计、计算机应用等专业作为电脑美术设计或电脑广告设计课程的教材，也可作为各种电脑美术设计短期培训班的教学用书，以及供广大电脑美术设计爱好者自学或参考使用。

**图书在版编目(CIP)数据**

Photoshop CS3 设计与制作实例教程 / 卢正明主编. —北京：电子工业出版社，2009.12
全国高等职业教育计算机类规划教材·实例与实训教程系列
ISBN 978-7-121-09954-0

Ⅰ. P… 　Ⅱ. 卢… 　Ⅲ. 图形软件，Photoshop CS3—高等学校：技术学校—教材 　Ⅳ. TP391.41

中国版本图书馆 CIP 数据核字（2009）第 215945 号

策划编辑：程超群
责任编辑：徐云鹏
印　　刷：北京天宇星印刷厂
装　　订：涿州市桃园装订有限公司
出版发行：电子工业出版社
　　　　　北京市海淀区万寿路 173 信箱　邮编　100036
开　　本：787×1 092　1/16　印张：10.25　字数：262 千字
印　　次：2009 年 12 月第 1 次印刷
印　　数：5 000 册　　定价：32.00 元

# 前　　言

随着计算机技术日新月异的飞速发展，计算机应用已经深入到社会的各个领域，并逐渐与人们的工作和生活密不可分。利用计算机系统来进行美术设计与制作，已成为当今国际及国内广告宣传、出版印刷、产品造型、包装装潢、商业展示、视觉艺术、服饰设计、建筑及环境艺术设计等领域的发展潮流。这是时代的要求，现代化的要求，行业自身发展的要求。借助计算机这种先进的工具，许多用传统美术设计方法难以表现的设计思想，如今得以实现。在计算机日益强大的设计功能面前，设计师们只会感到自己想象力的贫乏，再也不用担心自己的设想无法实现。

电脑美术设计以其独特的魅力成为目前最热门的专业之一，学校中的电脑美术设计专业以及社会上各类电脑美术设计培训班一时间如雨后春笋般迅速发展起来。

鉴于电脑美术设计专业涉及众多的行业领域，且发展前景广阔，社会需求较大，学生毕业后就业门路较宽，因此，目前在我国发达地区的一些大、中专院校和职业学校，已较普遍地开展了电脑美术设计课程的教学，甚至纷纷设立了电脑美术设计专业，其他地区的许多学校也在积极创造条件，准备开设这一新兴专业。

一批在美术、设计、工艺、计算机教学第一线的教师，有机地组合起来，面对"电脑美术设计教学"这一全新的知识与应用领域，进行了多年积极有效的探索和研究，积累了丰富、宝贵的教学及实践经验。本书的作者都是计算机公司的培训工程师、学校的计算机教师和图形图像制作公司的创作人员，不仅具备丰富的教学经验，还具有过硬的创意和制作能力。他们已培训了众多的图形图像设计与制作人员，通过长期的教学与实践，总结出一套理论联系实际的实例教学方法。具体的方法就是学生在计算机前一边看书上实例的操作步骤，一边进行操作，在制作实例的过程中学习各种操作和绘图技巧，从而提高学生的灵活应用能力和创造能力。用这种方法学习的学生比用传统方法学习的学生对知识的掌握要快得多，希望大家都能喜欢这种学习方法。

Photoshop 是绘图软件中的佼佼者，被广泛应用于广告、装潢、海报、包装、办公、出版印刷等平面设计领域，是目前国内外市场上使用最广泛、功能最完善的图形设计工具之一。目前 Adobe 公司在我国推出的最新中文版本为 Photoshop CS3 中文版。

Photoshop CS3 中文版并不是在原有基础上的简单升级，它全面完善了已有的各种功能，并增加了一些新的内容，从而大大提高了软件的使用效率和创造力。这些新增加和完善的内容主要包括：工具的使用、位图的处理、控件使用以及图文混排版面处理等方面。目前的 Photoshop CS3 中文版不仅具有友好、美观的中文界面，还增添了丰富的滤镜和特效处理功能。

本书通过丰富的实例，全面地讲解了 Photoshop 在各应用领域的使用方法及技巧。在展现实例的制作过程中讲解了 Photoshop 的基本操作、创意技巧等各种知识点，是一本强调实际操作的应用型教材。

为了方便读者学习，本书提供了资料包，主要包括书中所有实例的素材文件及最终效果图形文件。欢迎登录华信教育资源网 http://www.hxedu.com.cn，免费获取本书的相关资料。本书实例中使用了多种字体，因此读者在按照本书实例练习时最好事先在系统中安装方正字库，当然，也可根据自己的情况用其他相应字体代替。

本书由卢正明主编，其他参与编写的老师还有王爱梅、毕凌云、郑晓红、母春航、刘卉、黄家元、李丽格和刘亚青。

需要特别说明的是，本书实例中涉及一些公司及商品的名称和形象，分别为各有关公司所有，本书引用纯属用于教学目的，也借此机会向有关公司致以谢忱。

虽然我们努力地工作，但不足之处在所难免，恳请广大读者批评指正。

编　者

2009 年 9 月

# 目　　录

# 第1章　艺术字与滤镜特效实例

## 1.1　滴滴香浓

### 1.1.1　案例分析

　　这是一幅咖啡广告图，如图 1-1-1 所示。在咖啡杯内有半杯咖啡，另半杯已被人迫不及待地喝下去了，滴滴香浓，意犹未尽，还是慢慢地品尝吧。咖啡色的中英文广告词与咖啡相映成趣，反映出咖啡这种西方饮料已越来越被中国人所喜爱。整个广告色彩淡雅，充满了温馨浪漫的情调。

图 1-1-1

### 1.1.2　制作方法

#### 1. 嵌入咖啡瓶

　　（1）单击"文件"→"打开"菜单命令，打开一幅含有咖啡杯的图像作为底图，如图 1-1-2 所示，其文件名为 a1。

　　（2）单击"文件"→"打开"菜单命令，打开一幅咖啡瓶图像，如图 1-1-3 所示，其文件名为 a2。

　　（3）单击"魔棒工具"按钮，单击白色区域，然后单击"选择"→"反向"菜单命令，将咖啡瓶选取。

　　（4）单击"移动工具"按钮，拖动咖啡瓶移至底图中。

　　（5）单击"编辑"→"自由变换"菜单命令，将咖啡瓶缩放、移动到适当位置。

　　（6）单击"图像"→"调整"→"亮度/对比度"菜单命令，将咖啡瓶加亮。其中参数：亮度为 15、对比度为 8，效果如图 1-1-4 所示。

图 1-1-2 图 1-1-3

### 2．制作文字

（1）单击"横排文字工具"按钮，在图像上单击鼠标左键，在"横排文字工具"选项栏中设置文字的参数：字体为方正超粗黑、大小为100、颜色为深咖啡，然后输入文字"滴"，单击"对钩"提交。

（2）单击"移动工具"按钮，将文字移动到适当位置。

（3）单击"编辑"→"自由变换"菜单命令，将文字旋转，如图 1-1-5 所示。

（4）重复（3）步骤，制作文字"滴"、"香浓"，如图 1-1-5 所示。

图 1-1-4 图 1-1-5

### 3．制作多角星及英文字

（1）在"图层"调板上，单击"创建新图层"按钮，新建一个图层。

（2）单击"滤镜"→"Eye Candy 3.0"（甜蜜眼神）→"Star"（星光）菜单命令，制作一个多角星，其中参数：Number of Sides（尖端数目）为 20、Indentation（凹进距离）为 32、Scale（缩放）为 100、X－shift（X 偏移）为 0、Y－shift（Y 偏移）为 0、Opacity（不透明度）为 100、Orientation（角度）为 22、Inner Color（内侧颜色）为咖啡色、Outer Color（外侧颜色）为黄色，效果如图 1-1-6 所示。

（3）单击"编辑"→"自由变换"菜单命令，将多角星垂直缩小并移动到适当位置。

（4）单击"吸管工具"按钮，单击图像中的黄色花朵，设置前景色为黄色。

（5）按下"Ctrl"键，在"图层"调板上，单击当前图层缩览图，将多角星选取。

（6）按下"Alt+Delete"组合键，将多角星填充为黄色，如图 1-1-7 所示。

图 1-1-6　　　　　　　　　　　　　图 1-1-7

（7）单击"横排文字工具"按钮，在图像上单击鼠标左键，在"横排文字工具"选项栏中设置文字的参数：字体为 Times New Roman、大小为 30、居中对齐文本、颜色为咖啡色，然后输入"Good to the last drop"，单击"对钩"提交。

（8）在"图层"调板中的文字图层名上，单击鼠标右键，选择"栅格化文字"菜单命令，将文本图层转换成普通图层。

（9）单击"移动工具"按钮，将文字移动到适当位置，如图 1-1-8 所示。

图 1-1-8

（10）在"图层"调板上，按下"Ctrl"键单击爆炸图层，将爆炸图层与英文图层同时选中，再单击"链接图层"按钮将这两个图层链接。

（11）单击"编辑"→"自由变换"菜单命令，将链接图层旋转、移动，完成咖啡广告的制作，效果如图 1-1-1 所示。

## 1.2　汽车展招贴画

### 1.2.1　案例分析

这是一幅汽车展招贴画，如图 1-2-1 所示。利用吸管工具，将文字的颜色设置为背景图片包含的颜色。利用变形文字功能，制作出扇形文字；利用斜面和浮雕命令，制作出立体文字；

利用描边命令，给文字加上白边。经过上述处理的广告主题"梦幻汽车展览"，与飞驰的汽车相得益彰，突出了梦幻汽车的高尚品位。本招贴画形式简单、目的明确，容易引起人们的注意。

图 1-2-1

## 1.2.2  制作方法

### 1．制作底图

（1）单击"文件"→"打开"菜单命令，打开一幅汽车图片，如图 1-2-2 所示，其文件名为 a3。

（2）单击"裁剪工具" ✄，将图片进行裁切，效果如图 1-2-3 所示。

图 1-2-2                    图 1-2-3

### 2．制作文字

（1）单击"吸管工具" ✎，在图片上单击，设置前景色为深蓝色。

（2）单击"横排文字工具" T，弹出文字工具选项栏；设置文字字体为华文行楷，大小为 90 点；在图片上文字出现的位置单击鼠标左键，然后输入"梦幻汽车展览"，效果如图 1-2-4 所示。

（3）在文字工具选项栏上，单击"创建变形文本"按钮 ✄，弹出"变形文字"对话框，在该对话框中对文本的整体外形进行设置，其中参数：样式为扇形，弯曲为 20，其余参数取默认值。变形文本的效果如图 1-2-5 所示。

图 1-2-4

图 1-2-5

（4）单击"图层"→"图层样式"→"斜面和浮雕"菜单命令，制作文字的浮雕效果，其中参数：样式为内斜面、方法为平滑、大小为 6 像素、软化为 2 像素，其余参数取默认值。文字的浮雕效果如图 1-2-6 所示。

（5）在文字上，单击鼠标右键，选择"栅格化文字"菜单命令，将文字图层转变为普通图层。

（6）单击"编辑"→"描边"菜单命令，将文字加上白色边框，其中参数：宽度为 3px，颜色为白色、位置为居外，其余参数取默认值，效果如图 1-2-7 所示。

图 1-2-6

图 1-2-7

（7）单击"横排文字工具" **T**，弹出文字工具选项栏；设置文字字体为黑体，大小为 24 点；在图片上文字出现的位置单击鼠标左键，然后输入梦幻汽车展的时间、地点和主办单位，单击"提交所有当前编辑" ✔，完成文字的输入。

至此汽车展招贴画案例制作完毕，效果如图 1-2-1 所示。

# 1.3 月饼广告

## 1.3.1 案例分析

这是一幅月饼广告，如图 1-3-1 所示。利用内发光命令，将象征中华民族的腾龙衬托得更加奔放雄壮。利用椭圆选框工具、羽化参数和填充功能，画出八月十五的圆月，并在圆月上写下古人对月的咏叹：海上生明月，天涯共此时。利用圆角矩形工具和内部倾斜滤镜，制作出立体的圆角矩形，与商家字号交融一体。整个广告吉祥喜庆，不但宣扬了月饼节的中国特色，而且突出了商家的字号，引导消费者去该字号购买月饼。

图 1-3-1

## 1.3.2 制作方法

### 1. 制作底图

（1）设置背景颜色为暗洋红色。

（2）单击"文件"→"新建"菜单命令，建立一幅新图像。其中参数：宽度为 1184 像素、高度为 808 像素、分辨率为 75 像素/英寸、颜色模式为 RGB、颜色为背景色。

### 2. 嵌入中国龙

（1）单击"文件"→"打开"菜单命令，打开一幅中国龙图像，如图 1-3-2 所示，其文件名为 a4。

（2）单击"魔棒工具"，按下"Shift"键，将中国龙图片上的黑色区域选取。

（3）单击"选择"→"反向"菜单命令，将中国龙选取。

（4）单击"移动工具"，将中国龙移动到底图上。

（5）单击"编辑"→"自由变换"菜单命令，将中国龙缩小，此时图像的效果如图 1-3-3 所示。

（6）单击"图层"→"图层样式"→"内发光"菜单命令，对中国龙进行内发光处理，其中参数取默认值，效果如图 1-3-4 所示。

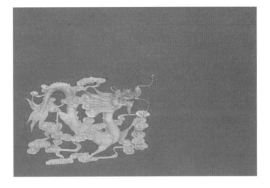

图 1-3-2　　　　　　　　　　　　　　　　图 1-3-3

### 3．制作月亮

（1）设置前景色为浅黄色。

（2）单击"椭圆选框工具" ○，在选项栏上，设置羽化为 20 像素。然后按下"Shift"键，在图层上画一个圆选框。

（3）按下"Alt+Delete"组合键，将圆选框内填充为前景色，生成一轮圆月。

（4）按下"Ctrl+D"组合键清除圆选框，此时图像的效果如图 1-3-5 所示。

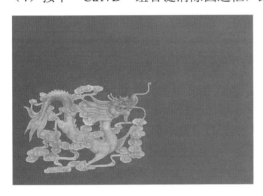

图 1-3-4　　　　　　　　　　　　　　　　图 1-3-5

### 4．制作文字

（1）单击"直排文字工具" T，弹出文字工具选项栏；设置字体为方正舒体、大小为 40 点、颜色为黑色；输入"海上生明月天涯共此时"，单击"提交所有当前编辑" ✓，完成文字的输入。

（2）在文字上，单击鼠标右键，选择"栅格化文字"菜单命令，将文字图层转变为普通图层。

（3）单击"编辑"→"描边"菜单命令，给文字加上蜡笔黄边框。其中参数：宽度为 1px、颜色为蜡笔黄、位置为居外、模式为正常、不透明度为 100%。

（4）单击"直排文字工具" T，弹出文字工具选项栏；设置字体为文鼎花瓣体、大小为 90 点、颜色为蜡笔黄；输入"中秋月饼"，单击"提交所有当前编辑" ✓，完成文字的输入。

（5）设置字体为华文行楷、大小为 70 点、颜色为蜡笔黄；输入"谷子村"，单击"提交所有当前编辑" ✓，完成文字的输入。

（6）单击"横排文字工具" T，设置字体为华文行楷、大小为 70 点、颜色为暗洋红；输入"广东谷子村食品集团",单击"提交所有当前编辑" ✓,完成文字的输入。

（7）在文字上,单击鼠标右键,选择"栅格化文字"菜单命令,将文字图层转变为普通图层。

（8）单击"滤镜"→"Eye Candy 3.0"（甜蜜眼神）→"Glow"（光晕）菜单命令,制作文字的晕光效果,其中参数：Width（光晕宽度）为 20、Opacity（不透明度）为 100、Opacity Dropoff（光晕形式）为 Fat、Color（光晕颜色）为蜡笔黄,效果如图 1-3-6 所示。

图 1-3-6

#### 5．制作圆角矩形

（1）单击"吸管工具" 🖊,然后在底图上单击,设置前景色为暗洋红色。

（2）在"图层"调板上,单击"创建新图层" 🖬,建立一个新图层。

（3）单击"圆角矩形工具"按钮,弹出圆角矩形选项栏,单击"填充像素" □,半径为 20 像素。在图层上画一个比文字"谷子村"稍大一些的圆角矩形。

（4）在"图层"调板上,把形状图层放在文字"谷子村"图层的下面。

（5）单击"滤镜"→"Eye Candy 3.0"（甜蜜眼神）→"Inner Bevel"（内部倾斜）菜单命令,对圆角矩形进行立体处理。其中参数：Bevel Width（斜面宽度）为 10、Bevel Shape（斜面形状）为 Button、Smoothness（光滑度）为 5、Shadow Depth（阴影深度）为 50、Highlight Brightness（高光区亮度）为 80、Highlight Sharpness（高光区清晰度）为 40、Direction（方向）为 135、Inclination（倾角）为 45。

至此月饼广告案例制作完毕,效果如图 1-3-1 所示。

## 1.4　祝福卡

### 1.4.1　案例分析

这是一张祝福卡,如图 1-4-1 所示。利用 KPT3.0 材质产生器滤镜制作出绚丽的底纹。利用渐变工具在文字框内填充上美丽的七彩虹,再利用玻璃滤镜使文字产生亮晶晶的立体效果。利用切变滤镜,使文字弯曲,产生一种动感美。利用色相/饱和度命令,将黄色花朵变成橘红色、粉色花朵。将黄花朵和橘红花朵、粉红花朵分别放在弯曲文字 happiness 的不同位置,产生一种装饰美。整个贺卡色彩奔放,表达了浓浓的祝福之情。

图 1-4-1

## 1.4.2 制作方法

### 1. 制作底图

（1）单击"文件"→"新建"菜单命令，建立一个新图像。其中参数：宽度为 19.51 厘米，高度为 14 厘米，分辨率为 100 像素/英寸，模式为 RGB 颜色，背景内容为白色。

（2）单击"滤镜"→"KPT3.0"→"KPT Texture Explorer3.0"（材质产生器）菜单命令，制作一个底纹，效果如图 1-4-2 所示。

### 2. 制作文字

（1）在"图层"调板上单击"创建新图层" ，建立一个新图层。

（2）单击"横排文字蒙版工具" ，弹出文字工具选项栏，设置文字框的字体为 Times New Roman，设置字体样式为 Bold（粗体），大小为 110 点；在图像上文字框出现的位置单击鼠标左键，输入"happiness"；单击"提交所有当前编辑" ，完成文字框的输入。

（3）单击"矩形选框工具"，将文字框移动到适当位置。

（4）单击"渐变工具" ，设置渐变方式为线性渐变 ，渐变颜色为色谱渐变。

（5）按住"Shift"键，在文字框上从上至下画一条直线，将文字框内填充为渐变色，如图 1-4-3 所示。

图 1-4-2

图 1-4-3

（6）单击"滤镜"→"Eye Candy 3.0"（甜蜜眼神）→"Glass"（玻璃）菜单命令，制作玻璃文字，其中参数：Bevel Width（斜面宽度）为 20、Bevel Shape（斜面形状）为 Mesa、Flaw Spacing（裂纹间隙）为 30、Flaw Thickness（裂纹深度）为 30、Opacity（不透明度）为 50%、

Refraction（折射率）为 30、Glass Color（玻璃颜色）为灰色、Highlight Brightness（高光区亮度）为 100、Highlight Sharpness（高光区清晰度）为 40、Direction（方向）为 135、Inclination（倾角）为 45，表面纹理为 Illuminated Lumps（千疮百孔），效果如图 1-4-4 所示。

（7）按下"Ctrl+D"组合键，清除文字框。

（8）单击"图像"→"旋转画布"→"90 度（逆时针）"菜单命令，将图像逆时针旋转 90 度。

（9）单击"滤镜"→"扭曲"→"切变"菜单命令，将文字弯曲。其中参数：未定义区域为折回，并将切变曲线调整为 S 形。如果要删除切变点，可将切变点移出切变曲线图框。

（10）单击"图像"→"旋转画布"→"90 度（顺时针）"菜单命令，将图像顺时针旋转 90 度，效果如图 1-4-5 所示。

图 1-4-4

图 1-4-5

### 3．嵌入花朵

（1）单击"文件"→"打开"菜单命令，打开一幅黄色花卉图像，如图 1-4-6 所示，其文件名为 a5。

（2）单击"魔棒工具"，在选项栏中设置容差为 32，单击蓝色，以选中蓝色背景。

（3）单击"选择"→"反向"菜单命令，将两朵小花选中。

（4）单击"多边形套索工具"，按住"Alt"键，拖动鼠标将要选取的右上角花朵以外的花梗及另一个花朵从选框中减去。这样就选中了一个花朵。

（5）单击"移动工具"，拖动花朵到底图。

（6）单击"编辑"→"自由变换"菜单命令，将花朵缩放，效果如图 1-4-7 所示。

图 1-4-6

图 1-4-7

（7）单击"移动工具" ▸⊕，按下"Alt"键，拖动花朵进行复制。

（8）单击"编辑"→"变换"→"水平翻转"菜单命令，将花朵水平翻转。

（9）单击"编辑"→"自由变换"菜单命令，将花朵缩小、旋转并移动到适当位置。

（10）单击"图像"→"调整"→"色相/饱和度"菜单命令，将黄色花朵调节为橘色花朵。其中参数：编辑为全图、色相为-27、饱和度为2、明度为0，效果如图1-4-8所示。

图 1-4-8

（11）单击"移动工具" ▸⊕，按下"Alt"键，拖动黄色花朵进行复制。

（12）单击"编辑"→"自由变换"菜单命令，将花朵缩小、旋转并移动到适当位置。

（13）单击"图像"→"调整"→"色相/饱和度"菜单命令，将黄色花朵调节为红粉色花朵。其中参数：编辑为黄色、色相为-94、饱和度为4、明度为32。

至此祝福卡案例制作完毕，效果如图1-4-1所示。

## 1.5 白酒广告

### 1.5.1 案例分析

这是一幅白酒广告，如图 1-5-1 所示。利用色相/饱和度命令将击鼓大汉和大鼓笼罩在红色氛围中。利用外发光命令在酒瓶外围制作出光辉效果，使酒瓶更加醒目。利用光泽命令，给白色文字加红色光泽。利用收缩命令，制作出边框字。整个广告热烈、豪爽，传播了一种酒的文化。

图 1-5-1

## 1.5.2　制作方法

**1．制作底图**

（1）设置背景色为 CMYK 红。

（2）单击"文件"→"新建"菜单命令，建立一幅新图像。其中参数：宽度为 945 像素、高度为 678 像素、分辨率为 120 像素/英寸、颜色模式为 RGB、背景内容为背景色。

**2．嵌入击鼓人**

（1）单击"文件"→"打开"菜单命令，打开一幅图像，如图 1-5-2 所示，其文件名为 a6。

（2）单击"魔棒工具" ✎，按下"Shift"键，将背景全部选取。

（3）单击"选择"→"反向"菜单命令，将图像选取。

（4）单击"移动工具" ▶⊕，将选取图像移动到底图上，效果如图 1-5-3 所示。

图 1-5-2

图 1-5-3

（5）单击"图像"→"调整"→"色相/饱和度"菜单命令，对图像的色相与饱和度进行调整。其中参数：选中"着色"复选框、色相为 0、饱和度为 100、明度为 11。此时图像的效果如图 1-5-4 所示。

**3．嵌入酒瓶**

（1）单击"文件"→"打开"菜单命令，打开一幅图像，如图 1-5-5 所示，其文件名为 a7。

图 1-5-4

图 1-5-5

（2）单击"魔棒工具" ✎，点取白色背景。

（3）单击"选择"→"反向"菜单命令，将酒瓶选取。

（4）单击"移动工具" ▶⊕，将酒瓶拖动到底图上。

（5）单击"图层"→"图层样式"→"外发光"菜单命令，对酒瓶进行发光处理。其中参数：混合模式为滤色、不透明度为80%、杂色为0、颜色为黄、方法为精确、扩展为16%、大小为73像素、等高线为半圆、选中"消除锯齿"复选框、范围为50%、抖动为0%。此时图像的效果如图1-5-6所示。

### 4．制作光泽字

（1）单击"直排文字工具" T，设置文字参数：字体为理德琥珀简，大小为65点，颜色为白色；输入"汉阳红鼓酒"，单击"提交所有当前编辑" ✓，完成文字的输入，效果如图1-5-7所示。

图1-5-6　　　　　　　　　　　　　　图1-5-7

（2）单击"图层"→"图层样式"→"光泽"菜单命令，对文字进行光泽处理。其中参数：混合模式为正片叠底、颜色为红、不透明度为79%、角度为19度、距离为14像素、大小为18像素。选中"投影"样式，对文字进行投影处理，效果如图1-5-8所示。

### 5．制作边框字

（1）单击"直排文字工具" T，设置文字参数：字体为理德琥珀简，大小为65pt，颜色为白色；输入"口齿留香"，单击"提交所有当前编辑" ✓，完成文字的输入。此时图像的效果如图1-5-8所示。

图1-5-8

（2）在文字上，单击鼠标右键，选择"栅格化文字"菜单命令，将文字图层转变为普通图层。

（3）按下"Ctrl"键，在"图层"调板上，单击"口齿留香"图层宿览图，将文字全部选取。

（4）单击"选择"→"修改"→"收缩"菜单命令，将选区收缩。其中参数：收缩量为4像素。

（5）按下"Delete"键，删除选区内约图像，生成边框字。

（6）按下"Ctrl+D"组合键，清除选区。

至此白酒广告案例制作完毕，效果如图 1-5-1 所示。

## 1.6　显示器广告

### 1.6.1　案例分析

这是一幅显示器广告，如图 1-6-1 所示。在蓝天、白云和茂密森林的掩映下，一款液晶显示器跃入人们的眼帘。在显示器屏幕上利用水波滤镜产生了环形波纹。利用图层蒙版和运动轨迹滤镜，使滑雪运动员从波纹中飞出屏幕的效果十分逼真。利用文字样式，使显示器的名称产生了双环发光的效果。该广告创意新颖，突出了显示器色彩逼真、呼之欲出的特点。

图 1-6-1

### 1.6.2　制作方法

#### 1. 将显示器嵌入背景中

（1）单击"文件"→"打开"菜单命令，打开一幅风光图像，打开一幅显示器图像，如图 1-6-2、图 1-6-3 所示，其文件名为 a8、a9。

（2）单击"魔棒工具"，在选项栏中设置容差为 10，按下"Shift"键，将白色背景全部选取。

（3）单击"选择"→"反向"菜单命令，将显示器选中。

（4）单击"移动工具"，将显示器拖动到风光图像上。

（5）单击"图像"→"调整"→"亮度/对比度"菜单命令，将显示器图像加亮。其中参数：亮度为 18、对比度为 4。此时图像的效果如图 1-6-4 所示。

图 1-6-2

图 1-6-3

## 2. 制作显示器屏幕

（1）单击"文件"→"打开"菜单命令，打开一幅天空图像，如图 1-6-5 所示，其文件名为 a10。

图 1-6-4

图 1-6-5

（2）单击"矩形选框工具"，在图像上选取一个矩形框。

（3）单击"滤镜"→"扭曲"→"水波"菜单命令，使选取区域产生水波效果。其中参数：数量为 41%、起伏为 9%、样式为水池波纹。此时图像的效果如图 1-6-6 所示。

（4）单击"移动工具"，将天空图像移动到显示器上。

（5）单击"编辑"→"变换"→"扭曲"菜单命令，将天空图像进行变形处理，使其大小与显示屏幕相吻合。此时图像的效果如图 1-6-7 所示。

图 1-6-6                                    图 1-6-7

### 3．嵌入滑雪运动员

（1）单击"文件"→"打开"菜单命令，打开一幅滑雪图像，如图 1-6-8 所示，其文件名为 a11。

（2）单击"多边形套索工具" ，将滑雪运动员选取。

（3）单击"移动工具" ，拖动滑雪运动员到显示器上，如图 1-6-9 所示。

图 1-6-8                                    图 1-6-9

（4）单击"图层"→"添加图层蒙版"→"显示全部"菜单命令，为图层添加蒙版。

（5）单击"渐变工具" █，设置渐变方式为线性渐变 █，渐变颜色为前景色到背景色渐变。在滑雪运动员与显示器的结合处画一条直线，将滑雪运动员与显示器十分自然地融合在一起。此时图像的效果如图 1-6-10 所示。

（6）单击"图层"→"图层蒙版"→"应用"菜单命令，将图层蒙版应用到图像上。

（7）单击"滤镜"→"Eye Candy 3.0"（甜蜜眼神）→"Motion Trail"（运动轨迹）菜单命令，制作滑雪人的飞行轨迹，其中参数：Length（轨迹长度）为 36、Opacity（不透明度）为 80、Direction（方向）为 40。此时图像的效果如图 1-6-11 所示。

图 1-6-10

图 1-6-11

### 4．制作显示器名称

（1）单击"横排文字工具"**T**，弹出文字工具选项栏；设置文字字体为 Arial Black、大小为 110 点、颜色为白色，在图像上文字出现的位置单击鼠标，输入"TCM"，单击"提交所有当前编辑" ，完成文字的输入。此时图像的效果如图 1-6-12 所示。

图 1-6-12

（2）在"样式"调板上，单击"双环发光"按钮，为文字添加样式。

至此显示器广告案例制作完毕，效果如图 1-6-1 所示。

## 1.7 汽车画册封面

### 1.7.1 案例分析

这是一幅汽车画册，如图 1-7-1 所示。利用通道、添加杂色滤镜、径向模糊滤镜、应用图像命令、渐变工具、图层混合模式等功能制作出封面的艺术背景。利用图层样式中的描边样式，给文字加上图案边框。整个封面简捷大方、高雅脱俗，让人产生无限遐想。

图 1-7-1

### 1.7.2 制作方法

**1. 制作艺术背景**

（1）单击"文件"→"新建"菜单命令，新建一个图形。其中参数：宽度为 527 像素、高度为 737 像素、分辨率为 72 像素/英寸、背景内容为白色。

（2）在"图层"调板上，单击"创建新图层" ，建立一个新图层"图层 1"。

（3）设置前景色 R 为 46、G 为 49、B 为 146。

（4）单击"油漆桶工具" ，将新图层填充为前景色。

（5）在"通道"调板上，单击"创建新通道" ，建立一个新通道"Alpha 1"。

（6）单击"滤镜"→"杂色"→"添加杂色"菜单命令，其中参数：数量为 400%、高斯分布，效果如图 1-7-2 所示。

（7）单击"滤镜"→"模糊"→"径向模糊"菜单命令，其中参数：数量为 100、模糊方法为缩放、品质为最好，效果如图 1-7-3 所示。

（8）设置当前通道为 RGB 通道，当前图层为"图层 1"。

（9）单击"图像"→"应用图像"菜单命令，其中参数：图层为图层 1、通道为 Alpha 1、混合为滤色、不透明度为 100%，效果如图 1-7-4 所示。

（10）在"图层"调板上，单击"创建新图层" ，建立一个新图层"图层 2"。

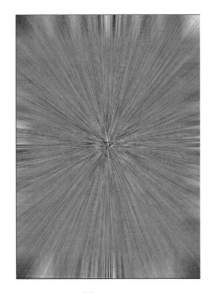

图 1-7-2                                         图 1-7-3

（11）设置前景色，R 为 46、G 为 49、B 为 146；设置背景色，R 为 255、G 为 252、B 为 133。

（12）单击"渐变工具" ，设置渐变方式为角度渐变，模式为正常，选中反向、仿色、透明区域复选框，编辑背景色标的位置如图 1-7-5 所示。

（13）在"图层 2"上，由中心向右下角画一条直线，效果如图 1-7-6 所示。

（14）在"图层"调板上，设置混合模式为差值，效果如图 1-7-7 所示。

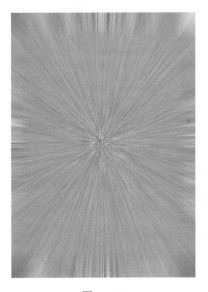

图 1-7-4                                         图 1-7-5

## 2．嵌入汽车图片

（1）单击"文件"→"打开"菜单命令，打开一幅汽车图片，如图 1-7-8 所示，其文件名为 a12。

（2）单击"魔棒工具" ，按下"Shift"键将背景选取。

图 1-7-6 　　　　　　　　　　　　　　　　图 1-7-7

（3）单击"选择"→"反向"菜单命令，将汽车选取。

（4）单击"移动工具" ，将汽车移动到底图上。

（5）单击"编辑"→"自由变换"菜单命令，将汽车缩放，效果如图 1-7-9 所示。

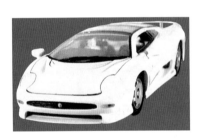

图 1-7-8 　　　　　　　　　　　　　　　　图 1-7-9

### 3．制作文字

（1）单击"横排文字工具" **T**，设置字体为宋体、大小为 140、伪粗体、颜色为白色，输入文字"汽车"，效果如图 1-7-10 所示。

（2）单击"图层"→"图层样式"→"描边"菜单命令，其中参数：大小为 3 像素、位置为外部、混合模式为正常、不透明度为 100%、填充类型为图案、图案为木质、缩放为 100%，效果如图 1-7-11 所示。

（3）单击"横排文字工具" **T**，设置字体为仿宋、大小为 48、颜色为白色，输入文字"画册"。

图 1-7-10                                                图 1-7-11

（4）单击"横排文字工具"**T**，设置字体为宋体、大小为 40、伪粗体、颜色为白色，输入文字"蓝天大众出版社"。

至此汽车画册封面案例制作完毕，效果如图 1-7-1 所示。

## 1.8  环保招贴画

### 1.8.1  案例分析

这是一幅环境保护招贴画，如图 1-8-1 所示。一只威武的老虎卧伏在茂密的树林中，吐着红红的舌头，向人类发出肺府之言：爱护你我生存的环境，共创一个绿色的世界，动物和人类是好朋友。利用弯曲文本功能，制作出弧行文字主题，使招贴画平添几分生气。整个招贴画构思巧妙，环保意识浓厚，为乱砍乱伐的人们敲响了警钟。

图 1-8-1

### 1.8.2 制作方法

**1．制作底图**

（1）单击"文件"→"打开"菜单命令，打开一幅茂密树木的图像，如图1-8-2所示，其文件名为a13。

（2）单击"文件"→"打开"菜单命令，打开一幅老虎图像，如图1-8-3所示，其文件名为a14。

（3）单击"多边形套索工具" ，将老虎选取。

图1-8-2            图1-8-3

（4）单击"移动工具" ，拖动老虎到树木图像中。

（5）单击"编辑"→"自由变换"菜单命令，将老虎缩放、移动，如图1-8-4所示。

图1-8-4

（6）单击"图像"→"调整"→"亮度/对比度"菜单命令，将老虎图像加亮。其中参数：亮度为28、对比度为41，效果如图1-8-5所示。

（7）在"图层"调板上，单击 ，选择"拼合图像"菜单命令，将所有的图层合并为一个图层。

（8）单击"椭圆选框工具" ，按下"Shift"按钮，在图像上画一个圆框。

（9）单击"编辑"→"拷贝"菜单命令，将圆形选区内容复制。

（10）单击"图像"→"画布大小"菜单命令，将画布调整为一个正方形，其长宽为20厘米。

图 1-8-5

（11）将背景色设置为白色，按下"Ctrl+Delete"组合键，将背景填充为白色。

（12）单击"编辑"→"粘贴"菜单命令，将圆形图形粘贴并形成一个新图层。

（13）单击"移动工具" ，将图像移动至画布中心，效果如图 1-8-6 所示。

**2．制作文字**

（1）单击"横排文字工具" **T**，弹出文字工具选项栏；设置文字的字体为综艺简体、大小为 40 点、颜色为绿色；在图像上文字出现的位置单击鼠标左键，然后输入"爱护你我生存的环境"，效果如图 1-8-7 所示。

图 1-8-6

图 1-8-7

（2）在文字工具选项栏上，单击"创建文字变形" ，弹出"变形文本"对话框，在该对话框中对文本的整体外形进行设置，其中参数：样式为扇形、弯曲为 80%，其余参数取默认值。

（3）单击"移动工具" ，将弯曲文本移动到适当位置，效果如图 1-8-8 所示。

（4）重复上述步骤，制作弯曲文字"动物和人类是好朋友"，不同之处是弯曲为–80%，效果如图 1-8-9 所示。

（5）将文字图层"动物和人类是好朋友"作为当前图层，然后单击"图层"→"图层样式"→"投影"菜单命令，将文字加上阴影效果。其中参数取默认值，效果如图 1-8-1 所示。

图 1-8-8　　　　　　　　　　　　　　　图 1-8-9

（6）在"图层"调板上的当前图层名称上用鼠标右键单击，在弹出的快捷菜单中单击"拷贝图层样式"命令，将阴影效果复制。

（7）将文字图层"爱护你我生存的环境"作为当前图层，然后用鼠标右键单击当前图层名称，在弹出的快捷菜单中单击"粘贴图层样式"命令，将文字加上阴影效果。

至此环保招贴画案例制作完毕，效果如图 1-8-1 所示。

## 1.9　美容杂志封面

### 1.9.1　案例分析

这是一幅杂志封面，如图 1-9-1 所示。利用扭曲、旋转功能，制作出平面立体效果，利用扇形样式制作出上小下大弯曲的变形文本，利用玻璃滤镜，制作出玻璃文字，利用文字蒙版、剪贴板和图层样式制作出图片文字。清新脱俗的丽人，蓝色梦幻的水珠，晶莹剔透的文字，衬托着整个封面，使其高雅大方、赏心悦目。

图 1-9-1

## 1.9.2 制作方法

### 1. 制作封面图像

（1）单击"文件"→"打开"菜单命令，打开一幅水珠图像，打开一幅人物图像，如图 1-9-2、图 1-9-3 所示，其文件名为 a15、a16。

图 1-9-2                  图 1-9-3

（2）单击"图像"→"调整"→"亮度/对比度"菜单命令，将人物图像加亮。其中参数：亮度为 10、对比度为 15。

（3）单击"移动工具" ，将人物图像拖动到水珠图像上。

（4）单击"编辑"→"自由变换"菜单命令，将图像缩小。

（5）按下"Alt"键，拖动人物图像进行复制，此时图像的效果如图 1-9-4 所示。

（6）设置前景色为 R28、G49、B91。

（7）按下"Ctrl"键，在"图层"调板上单击复制的图层缩览图，将复制图层全部选择。

（8）按下"Alt+Delete"组合键，将复制图层填充为前景色，效果如图 1-9-5 所示。

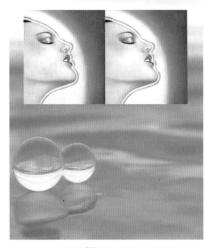

图 1-9-4                   图 1-9-5

（9）单击"直排文字工具"↓**T**，弹出文字工具选项栏，设置字体为幼圆，字号为 55 点，颜色为白色，字间距为 75，伪粗体，输入"美容文摘"，单击"提交所有当前编辑" ✓ ，完成文字的输入，效果如图 1-9-6 所示。

（10）在"图层"调板上，单击 ▼三，选择"向下合并"菜单命令，将文字图层和人物复制图层合并为一个图层。

（11）单击"编辑"→"变换"→"透视"菜单命令，将图层进行透视变形处理，效果如图 1-9-7 所示。

图 1-9-6

图 1-9-7

（12）设置当前图层为人物图层。

（13）单击"编辑"→"变换"→"透视"菜单命令，对图层进行透视变形处理，效果如图 1-9-8 所示。

（14）在"图层"调板上，按下"Ctrl"键单击人物图层与复制图层，将其同时选中，并单击"链接图层"按钮 ⊂⊃，建立链接。

（15）单击"编辑"→"变换"→"旋转"菜单命令，将链接图层进行旋转处理，效果如图 1-9-9 所示。

图 1-9-8

图 1-9-9

**2．制作变形文字**

（1）单击"直排文字工具"▪T，弹出文字工具选项栏，设置字体为楷体，字号为36点，颜色为R28、G49、B91，字间距为330、输入"花一本杂志的钱"，按"Enter"键，设置字间距为0、行间距为48，输入"集数百种报刊之精华"，效果如图1-9-10所示。

（2）在文字工具选项栏上，单击"创建变形文本"▪，弹出"变形文本"对话框，在该对话框中对文本的整体外形进行设置，其中参数：样式为扇形，弯曲为35，水平扭曲为0，垂直扭曲为64，单击"提交所有当前编辑"✔，完成文字的输入，变形文本的效果如图1-9-11所示。

（3）单击"图层"→"图层样式"→"描边"菜单命令，将文字加上白边。其中参数：大小为3像素、位置为外部、混合模式为正常、不透明度为100%、填充类型为颜色、颜色为白色，效果如图1-9-11所示。

图1-9-10            图1-9-11

**3．制作玻璃文字**

（1）单击"横排文字工具"T，弹出文字工具选项栏，设置字体为 Arial Black，字号为36点，颜色为R28、G49、B91，字间距为200，垂直缩放为150%，输入"MEIRONGWENZHAI"，单击"提交所有当前编辑"✔，完成文字的输入，此时图像的效果如图1-9-12所示。

（2）单击"图层"→"栅格化"→"文字"菜单命令，将文字图层转换成普通图层。

（3）单击"滤镜"→"Eye Candy 3.0"（甜蜜眼神）→"Glass"（玻璃）菜单命令，制作玻璃文字，其中参数：Bevel Width（斜面宽度）为12、Bevel Shape（斜面形状）为 Button、Flaw Spacing（裂纹间隙）为78、Flaw Thickness（裂纹深度）为49、Opacity（不透明度）为6%、Refraction（折射率）为16、Glass Color（玻璃颜色）为灰色、Highlight Brightness（高光区亮度）为100、Highlight Sharpness（高光区清晰度）为58、Direction（方向）为135、Inclination（倾角）为45，效果如图1-9-13所示。

图 1-9-12

图 1-9-13

### 4．制作图片字

（1）设置当前图层为水珠图层。

（2）单击"横排文字蒙版工具" T，弹出文字工具选项栏；设置字体为 Times New Roman，大小为 150 点，输入"2"，按"Enter"键，设置大小为 60 点，接着输入"2005"，选中所有的文字，设置其对齐方式为居中，行间距为 150，单击"提交所有当前编辑" ✓，完成文字框的输入，如图 1-9-14 所示。

图 1-9-14

（3）单击"图层"→"新建"→"通过拷贝的图层"菜单命令，生成一个新的图层。

（4）单击"图层"→"图层样式"→"斜面和浮雕"菜单命令，使图层产生立体效果。其中参数：样式为外斜面、方法为平滑、大小为 5 像素、软化为 0 像素、高光不透明度为 81%、阴影不透明度为 60%、其余参数取默认值。

至此美容杂志封面案例制作完毕，效果如图 1-9-1 所示。

## 1.10 商场招贴画

### 1.10.1 案例分析

这是一幅商场的宣传画，如图 1-10-1 所示。利用外部倾斜滤镜在海面上制作出立体雕刻字"海风送爽"，再通过描边命令勾画出白色文字框。利用杂色纹理滤镜使淡黄色文字"津客隆购物之夏"产生了一种杂色纹理效果，增加了文字的美感。将文字"万种商品特卖"制作成五彩斑斓的渐变字，意喻特卖商品丰富多彩，令人目不暇接。六朵鲜花放在渐变字下面，增添了整个宣传画的活力。整个宣传画简捷明快，突出了商场在炎炎夏日为顾客送去清爽海风的服务意识。

图 1-10-1

### 1.10.2 制作方法

**1. 制作立体雕刻字**

（1）单击"文件"→"打开"菜单命令，打开一幅海水图像，如图 1-10-2 所示，其文件名为 a17。

（2）单击"横排文字蒙版工具"按钮，在图像上单击鼠标左键，在"横排蒙版文字工具"选项栏中设置文字的参数：字体为方正行楷、大小为 120，然后输入"海风送爽"，单击"对钩"提交。

（3）将文字框移动到适当位置。

（4）单击"滤镜"→"Eye Candy 3.0"（甜蜜眼神）→"Outer Bevel"（外部倾斜）菜单命令，制作立体雕刻字。其中参数：Bevel Width（斜面宽度）为 50、Bevel Shape（斜面形状）为 Button、Smoothness（光滑度）为 5、Shadow Depth（阴影深度）为 70、Highlight Brightness（高光区亮度）为 80、Highlight Sharpness（高光区清晰度）为 15、Direction（方向）为 135、Inclination（倾角）为 45，效果如图 1-10-3 所示。

<table>
<tr><td>图 1-10-2</td><td>图 1-10-3</td></tr>
</table>

（5）单击"切换前景和背景色"按钮，将前景色设置为白色。

（6）单击"编辑"→"描边"菜单命令，给文字加上白边。其中参数：宽度为2、位置为居中、不透明度为100、模式为正常，效果如图1-10-4所示。

（7）按下"Ctrl+D"组合键，清除文字框。

**2．制作杂色纹理字**

（1）单击"横排文字工具"按钮，在图像上单击鼠标左键，在"横排文字工具"选项栏中设置文字的参数：字体为方正中宋、大小为75、颜色为浅黄色，然后输入"津客隆购物之夏"，单击"对钩"提交。

（2）在"图层"调板中的文字图层名上，单击鼠标右键，选择"栅格化文字"菜单命令，将文本图层转换成普通图层。

（3）单击"移动工具"按钮，将文字移动到适当位置，效果如图1-10-5所示。

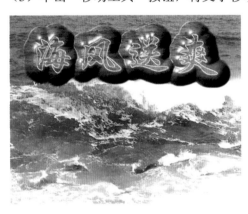

<table>
<tr><td>图 1-10-4</td><td>图 1-10-5</td></tr>
</table>

（4）单击"滤镜"→"Eye Candy 3.0"（甜蜜眼神）→"HSB Noise"（杂色纹理）菜单命令，给淡黄色文字添上杂色纹理。其中参数：Hue Variation（色相变化）为28、Saturation Variation（彩度变化）为57、Brightness Variation（亮度变化）为22、Opacity Variation（不透明度变化）为73、Lump Width（杂质宽度）为37、Lump Height（杂质高度）为15、Random Seed（随机变化）为5，效果如图1-10-6所示。

（5）单击"图层"→"图层样式"→"投影"菜单命令，给文字加上投影，其中参数：

模式为正片叠底、不透明度为 75、角度为 120、距离为 8、扩展为 2、大小为 10，效果如图 1-10-6 所示。

**3．嵌入鲜花**

（1）单击"文件"→"打开"菜单命令，打开一幅鲜花图像，如图 1-10-7 所示，其文件名为 a18。

图 1-10-6                                          图 1-10-7

（2）单击"魔棒工具"按钮，按下"Shift"键，单击鲜花以外的区域。

（3）单击"选择"→"反向"菜单命令，将鲜花选取。单击"多边形套索工具"，按下"Alt"键拖动鼠标，取花下面绿杆的选区。

（4）单击"移动工具"按钮，拖动鲜花至海水图像上。

（5）单击"编辑"→"自由变换"菜单命令，将鲜花缩放、移动。

（6）单击"移动工具"按钮，按下"Alt+Shift"组合键，拖动鲜花进行水平复制，效果如图 1-9-8 所示。

（7）单击"图层"→"图层样式"→"投影"菜单命令，给鲜花加上投影，其中参数：模式为正片叠底、不透明度为 75、角度为 120、距离为 5、扩展为 2、大小为 0，效果如图 1-10-8 所示。

图 1-10-8

**4．制作渐变字**

（1）单击"横排蒙版文字工具"按钮，在图像上单击鼠标左键，在"横排蒙版文字工具"

选项栏中设置文字的参数：字体为方正宋体、大小为 60，然后输入"万种商品特卖"，单击"对钩"提交。

（2）将文字框移动到适当位置。

（3）单击"渐变工具"按钮，在"渐变工具"选项栏中，单击"线性渐变工具"按钮，设置渐变方式为色谱，然后按住"Shift"键在文字框上从左至右画一条直线，将文字框内填充为渐变色。

（4）单击"默认前景和背景色"按钮，将前景色设置为黑色。

（5）单击"编辑"→"描边"菜单命令，给文字加上黑边。其中参数：宽度为 2、位置为居中、不透明度为 100、模式为正常，效果如图 1-10-1 所示。

（6）按下"Ctrl+D"组合键，清除文字框，完成商场招贴画的制作。

## 1.11　海洋之谜网页

### 1.11.1　案例分析

这是一幅海洋之谜的网页，如图 1-11-1 所示。利用云彩滤镜制作出蓝天白云底图。利用内部倾斜滤镜将海洋图像制作成图像按钮，建立链接后，单击某个按钮，就可进入相关的网页进行浏览。利用外发光命令，使地球边缘产生白色光晕。利用蒙版文字工具，在深色海洋图像上制作出"海洋之谜"文字选区，再利用"Delete"键，将文字框内的图像删除，制作出别具一格的透空文字。整个网页美观大方、简洁生动，使人们在轻松愉悦的心情中，真正贴近海洋，了解关心海洋。

图 1-11-1

### 1.11.2　制作方法

#### 1．制作底图

（1）单击"文件"→"新建"菜单命令，建立一幅新图像，其中参数：宽度为 500 像素、高度为 334 像素、分辨率为 100 像素/英寸、模式为 RGB 颜色、背景内容为白色。

（2）在"色板"调板上，单击 CMYK 青颜色色块，设置前景为浅蓝色。

（3）单击"滤镜"→"渲染"→"云彩"菜单命令，制作出浅蓝色天空上飘浮着白色云彩的底图，效果如图 1-11-2 所示。

**2．制作图像按钮**

（1）单击"视图"→"标尺"菜单命令，在图上显示标尺。

（2）从标尺处拖出参考线，4 条水平参考线，6 条垂直参考线，并可用移动工具调整其位置，效果如图 1-11-3 所示。

图 1-11-2

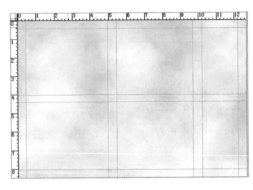

图 1-11-3

（3）单击"文件"→"打开"菜单命令，打开一幅海龟的图像，其文件名为 a19。

（4）单击"移动工具"按钮，拖动图像到底图上。

（5）单击"编辑"→"自由变换"菜单命令，将图像缩放、移动，效果如图 1-11-4 所示。

（6）单击"滤镜"→"Eye Candy 3.0"（甜蜜眼神）→"Inner Bevel"（内部倾斜）菜单命令，制作图像按钮。其中参数：Bevel Width（斜面宽度）为 41、Bevel Shape（斜面形状）为 Button、Smoothness（光滑度）为 3、Shadow Depth（阴影深度）为 2、Highlight Brightness（高光区亮度）为 55、Highlight Sharpness（高光区清晰度）为 29、Direction（方向）为 100、Inclination（倾角）为 45，效果如图 1-11-5 所示。

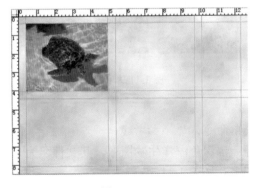

图 1-11-4

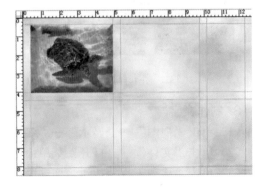

图 1-11-5

（7）单击"文件"→"打开"菜单命令，打开一幅海葵的图像，其文件名为 a20。

（8）重复执行步骤（4）～（6），效果如图 1-11-6 所示。

（9）重复执行步骤（3）～（6），制作另外两个图像按钮，效果如图 1-11-7 所示，其文件名为 a21、a22。

图 1-11-6                                    图 1-11-7

（10）单击"视图"→"显示"→"参考线"菜单命令，隐藏参考线。

（11）单击"文件"→"打开"菜单命令，打开一幅地球图像，其文件名为 a23。

（12）单击"魔棒工具"按钮，单击白色区域，然后单击"选择"→"反向"菜单命令，将地球选取。

（13）单击"移动工具"按钮，拖动地球图像到四个图像按钮的中央。

（14）单击"编辑"→"自由变换"菜单命令，将地球缩放，如图 1-11-8 所示。

（15）单击"图层"→"图层样式"→"外发光"菜单命令，给地球边缘加上光晕。其中参数：混合模式为强光、不透明度为 80、杂色为 0、颜色为白色、方法为较柔软、扩展为 30、大小为 15、范围为 100、抖动为 0，效果如图 1-11-9 所示。

图 1-11-8                                    图 1-11-9

### 3. 制作文字

（1）单击"视图"→"显示"→"参考线"菜单命令，显示参考线。

（2）单击"文件"→"打开"菜单命令，打开一幅深色海洋生物图像，其文件名为 a24。

（3）单击"移动工具"按钮，拖动图像到底图上，如图 1-11-10 所示。

（4）单击"视图"→"清除参考线"菜单命令，将参考线清除，如图 1-11-11 所示。

（5）单击"直排文字蒙版工具"按钮，在图像上单击鼠标左键，在"直排文字蒙版工具"选项栏中设置文字的参数：字体为方正行楷、大小为 40，然后输入"海洋之谜"文字，单击"对钩"提交。

（6）将文字框移动到适当的位置。

（7）按下"Delete"键，将文字框内的图像删除。

（8）按下"Ctrl+D"组合键，清除文字框，完成海洋之谜网页的制作，效果如图 1-11-1

所示。

图 1-11-10　　　　　　　　　　　　　　　　图 1-11-11

# 第2章　构图设计与创意技巧实例

### 2.1.1　案例分析

这是一幅京剧艺术书籍的封面，如图 2-1-1 所示。用中灰色书脊将浅灰色封面分为正面和底面。正面上出现了一幅彩色脸谱，以夸张的色彩和线条突出表现了人物的特征与性格，极富装饰性。底面上是浮雕效果的脸谱，利用浮雕效果滤镜将彩色脸谱变成浮雕效果的脸谱。两个脸谱相互辉映，京剧艺术的无穷魅力尽在不言中。书名"京剧艺术"使用红色繁体字，烘托出整个封面的一种形式美。整个封面的设计与书籍内容融为一体，具有一定的民族习俗及文化韵味。

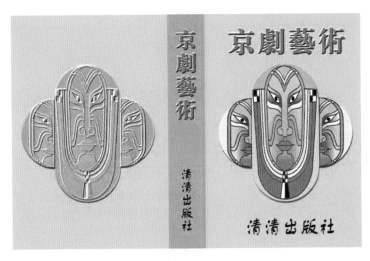

图 2-1-1

### 2.1.2　制作方法

#### 1．制作底图

（1）设置背景色为 25%灰。

（2）单击"文件"→"新建"菜单命令，建立一幅新图像。其中参数：宽度为 800 像素、高度为 520 像素、分辨率为 100 像素/英寸、颜色模式为 RGB、背景内容为背景色。

（3）设置前景色为 40%灰。

（4）单击"矩形选框工具" ，在封面的中央画一个矩形框。

（5）按下"Alt+Delete"组合键，将选区内填充为前景色，制作出封面的书脊，效果如图 2-1-2 所示。

### 2．嵌入京剧脸谱

（1）单击"文件"→"打开"菜单命令，打开一幅京剧脸谱图像，如图 2-1-3 所示，其文件名为 b1。

图 2-1-2　　　　　　　　　　　　　　　　图 2-1-3

（2）单击"魔棒工具" ，单击图像中的空白区域。

（3）单击"选择"→"反向"菜单命令，将脸谱选取。

（4）单击"移动工具" ，拖动脸谱到底图中。

（5）单击"编辑"→"自由变换"菜单命令，将脸谱缩放、移动，其效果如图 2-1-4 所示。

（6）单击"图像"→"调整"→"亮度/对比度"菜单命令，将脸谱加亮。其中参数：亮度为 25、对比度为 9。

（7）单击"图层"→"图层样式"→"投影"菜单命令，给脸谱加上投影。其中参数：混合模式为正片叠底、不透明度为 75%、角度为 120 度、距离为 5 像素、扩展为 0%、大小为 4 像素，其余参数取默认值，效果如图 2-1-4 所示。

（8）单击"移动工具" ，按下"Alt"键，拖动京剧脸谱将其复制到书脊的左边，如图 2-1-5 所示。

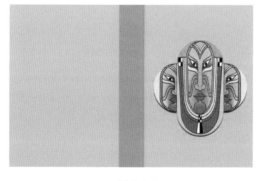

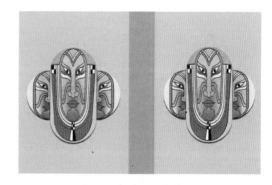

图 2-1-4　　　　　　　　　　　　　　　　图 2-1-5

（9）单击"滤镜"→"风格化"→"浮雕效果"菜单命令，对脸谱制作浮雕效果。其中参数：角度为 135 度、高度为 3、数量为 100，效果如图 2-1-6 所示。

（10）在"图层"调板上，设置混合模式为滤色，效果如图 2-1-7 所示。

 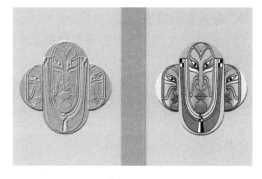

图 2-1-6　　　　　　　　　　　　　　　　　图 2-1-7

### 3. 制作文字

（1）单击"横排文字工具"**T**，弹出文字选项工具栏，设置文字的字体、大小，颜色为红色；在图像上文字出现的位置单击鼠标左键，然后输入"京剧艺术"；单击"提交所有当前编辑" ✓ ，完成文字的输入。

（2）单击"图层"→"图层样式"→"斜面和浮雕"菜单命令，使文字产生立体效果。其中参数：样式为外斜面、方式为平滑、深度为 100%、方向为上、大小为 3 像素、软化为 2 像素、角度为 120 度、其余参数取默认值，效果如图 2-1-8 所示。

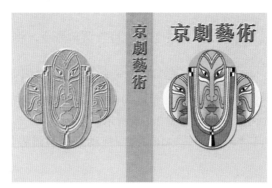

图 2-1-8

（3）在"图层"调板上，拖动文字图层到"创建新图层" ，将文字图层进行复制。

（4）在选项栏上，单击"更改文本方向" ，将文字"京剧艺术"垂直显示。

（5）单击"编辑"→"自由变换"菜单命令，将文字缩小、移动，效果如图 2-1-8 所示。

（6）重复执行步骤（1）、（3）、（4）、（5），制作黑色文字"清清出版社"。

到此京剧艺术书籍封面案例制作完毕，效果如图 2-1-1 所示。

## 2.2　香水招贴画

### 2.2.1　案例分析

这是一幅香水招贴画，如图 2-2-1 所示。造型别致的香水瓶，芳兰竟体的女郎，在黑黄两色背景的衬托下，愈加显得高贵、神秘。利用渐变工具与玻璃滤镜制作的亮晶晶的文字，呈现出一种贵族气息，与整个画面风格相统一。整个招贴画色彩和谐，Christian Dior 香水高雅脱俗的气味尽在不言中。

图 2-2-1

## 2.2.2 制作方法

### 1. 制作底图

（1）单击"文件"→"打开"菜单命令，打开一幅人物图像作为背景图层，如图 2-2-2 所示，其文件名为 b2。

（2）在"图层"调板上，拖动人物图层到"创建新的图层"按钮上，复制一个人物图层。

（3）单击"魔棒工具"按钮，单击白色区域。

（4）按下"Delete"键，将当前选区删除。

（5）在"图层"调板上，单击背景图层，将其作为当前图层。

（6）在"色板"调板上，单击黑色色块，设置前景色为黑色。

（7）按下"Alt+Delete"组合键，用黑色填充整个图层，如图 2-2-3 所示。

图 2-2-2

图 2-2-3

（8）单击"吸管工具"按钮，按下"Alt"键，在蝴蝶的黄色区域内单击，设置背景色为黄色。

（9）单击"渐变工具"按钮，在"渐变工具"选项栏上，单击"线性渐变"按钮，设置渐变方式为前景色到背景色渐变。

（10）从左下方至右上方拖动一条直线，效果如图 2-2-4 所示。

**2．嵌入香水瓶**

（1）单击"文件"→"打开"菜单命令，打开一幅香水瓶图像，如图 2-2-5 所示，其文件名为 b3。

图 2-2-4　　　　　　　　　　　　　　　图 2-2-5

（2）单击"多边形套索工具"按钮，选取香水瓶。

（3）单击"移动工具"按钮，按住香水瓶并将其拖到底图上。

（4）按下"Alt"键，拖动香水瓶进行复制。

（5）单击"编辑"→"自由变换"菜单命令，对香水瓶进行缩放、移动，效果如图 2-2-6 所示。

**3．制作文字**

（1）在"图层"调板上，单击"创建新图层"按钮，建立一个新图层。

（2）单击"横排文字蒙版工具"按钮，在图像上单击鼠标左键，在"横排文字蒙版工具"选项栏中设置文字的参数：字体为 Arial（Italic）、大小为 70，然后输入"DOLCE VIYA"，单击"对钩"提交。

（3）将文字框移动到适当位置。

（4）单击"直线渐变工具"按钮，在文字框上从右至左拖动一条直线，效果如图 2-2-7 所示。

（5）按下"Ctrl+D"组合键，清除文字选区。

（6）单击"滤镜"→"Eye Candy 3.0"（甜蜜眼神）→"Glass"（玻璃）菜单命令，制作亮晶晶的文字。其中参数：Bevel Width（斜面宽度）为 10、Bevel Shape（斜面形状）为 Button、Flaw Spacing（裂纹间隙）为 10、Flaw Thickness（裂纹深度）为 51、Opacity（不透明度）为

96、Refraction（折射率）为 34、Glass Color（玻璃颜色）为灰色、Highlight Brightness（高光区亮度）为 100、Highlight Sharpness（高光区清晰度）为 12、Direction（方向）为 127、Inclination（倾角）39，效果如图 2-2-8 所示。

图 2-2-6

图 2-2-7

（7）在"图层"调板上，拖动文字图层到"创建新图层"按钮上，复制一个文字图层，并将该图层放在原文字图层的下方。

（8）按下"Ctrl"键，在"图层"调板上单击复制图层缩览图，将文字选取。

（9）在"色板"调板上单击白色色块，设置前景色为白色。

（10）按下"Alt+Delete"组合键，用白色填充文字。

（11）单击"移动工具"按钮，将白色文字向右下方移动，效果如图 2-2-9 所示。

图 2-2-8

图 2-2-9

（12）单击"横排文字工具"按钮，在图像上单击鼠标左键，在"横排文字工具"选项栏中设置文字的参数：字体为 Times New Roman、大小为 40、颜色为白色，然后输入文字"Christian Dior"，单击"对钩"提交。

（13）单击"移动工具"按钮，将文字移动到适当位置，完成香水招贴画的制作，效果如图 2-2-1 所示。

## 2.3　全民健身招贴画

### 2.3.1　案例分析

这是一幅全民健身招贴画，如图 2-3-1 所示。利用最小值滤镜，将文字的字体加粗；利用渐变工具，制作出七彩文字；利用移动工具和方向键，制作出立体文字；通过调整文字的亮度和对比度，使立体文字更加逼真。将文字旋转并置于运动图片的上面，突出了运动添加生命活力的主题。本招贴画色彩明快、形象生动，激发了全民投入健身运动的热情。

图 2-3-1

### 2.3.2　制作方法

#### 1．制作文字

（1）单击"文件"→"新建"菜单命令，建立一个新图像。其中参数：宽度为 992 像素、高度为 700 像素、分辨率为 72、颜色模式为 RGB、背景内容为白色。

（2）单击"横排文字工具" T，弹出文字工具选项栏；设置文字字体为楷体，大小为 120 点、颜色为黑色；输入"运动添加生命活力"，单击"提交所有当前编辑" ✓，完成文字的输入，效果如图 2-3-2 所示。

# 运动添加生命活力

图 2-3-2

（3）在文字上单击鼠标右键，选择"栅格化文字"菜单命令，将文字图层转变为普通图层。

（4）单击"滤镜"→"其他"→"最小值"菜单命令，将文字加粗。其中参数：半径为1，效果如图2-3-3所示。

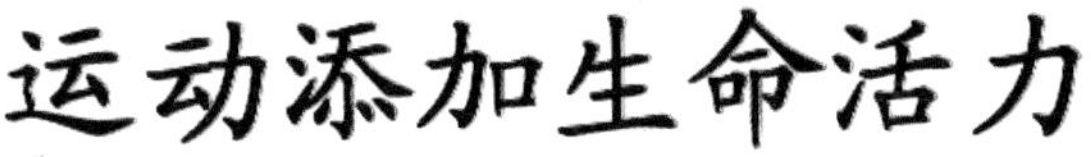

运动添加生命活力

图2-3-3

（5）按下"Ctrl"键，在"图层"调板上单击文字图层缩览图，将文字全部选取。

（6）单击"渐变工具"▧，弹出渐变工具栏，选择"线性渐变"▧，单击"拾色器"下拉按钮，单击"色谱渐变"图标。

（7）在文字框上，从左上至右下画一条直线，将文字框内填充为渐变色，效果如图2-3-4所示。

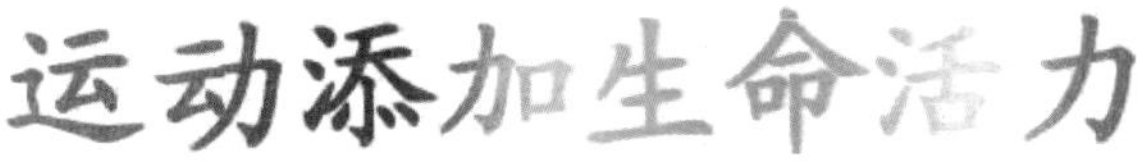

运动添加生命活力

图2-3-4

（8）单击"矩形选框工具"▢，将文字"运动"选取。

（9）单击"移动工具"▸✛，将选取文字移动。

（10）单击"编辑"→"自由变换"菜单命令，将选取文字放大，效果如图2-3-5所示。

（11）按下"Ctrl"键，在"图层"调板上单击文字图层，将文字全部选取。

（12）单击"移动工具"▸✛，按下"Alt"键的同时，按一下方向右键、按一下方向下键、按一下方向右键、按一下方向下键……，得到文字的立体效果，如图2-3-6所示。

图2-3-5                                              图2-3-6

（13）单击"图像"→"调整"→"亮度/对比度"菜单命令，调整选取框内文字的亮度和对比度。其中参数：亮度为-30，对比度为-2，效果如图2-3-7所示。

（14）单击"编辑"→"描边"菜单命令，将选取框内文字加白边。其中参数：宽度为3像素、颜色为白色、位置为居中，其余参数取默认值。

（15）按下"Ctrl+D"组合键，删除选取框。此时文字的效果如图2-3-8所示。

**2．制作底图**

（1）单击"文件"→"新建"菜单命令，建立一个新图像。其中参数：宽度为992像素、高度为1417像素、分辨率为72像素/英寸、颜色模式为RGB、背景内容为白色。

（2）单击"文件"→"打开"菜单命令，打开两幅运动图片，如图2-3-9、图2-3-10所示，其文件名为b4、b5。

图 2-3-7

图 2-3-8

图 2-3-9

图 2-3-10

（3）单击"移动工具" ，将两幅图片分别移动到新建图像中，如图 2-3-11 所示。

（4）设置太极拳图像为当前图层。

（5）单击"图层"→"图层蒙版"→"显示全部"菜单命令，给图层添加蒙版。

（6）单击"渐变工具" ，设置渐变色为前景色到背景色渐变，渐变方式为线性渐变 。在图像上从上至下画一条直线，使两幅运动图像产生溶合效果。此时图像的效果如图 2-3-12 所示。

图 2-3-11

图 2-3-12

**3. 将文字与图片组合**

（1）单击"移动工具" ，将前面制作的文字移动到图片上。

（2）单击"编辑"→"变换"→"旋转"菜单命令，将文字旋转，效果如图 2-3-13 所示。

图 2-3-13

（3）单击"横排文字工具"**T**，弹出文字工具选项栏；设置文字字体为黑体、大小为 60
点、颜色为白色；输入"北京市全民健身协会"，单击"提交所有当前编辑"✔，完成文字的
输入。

至此全民健身招贴画制作完毕，效果如图 2-3-1 所示。

这是一幅拍卖招贴画，如图 2-4-1 所示。利用镜头光晕滤镜，在红色底图上制作出 50～
300mm 镜头光晕效果。利用星滤镜，制作出多角星。利用画笔和路径制作出一圈圆点。利用
星画笔，画出一串五角星。利用图层样式中的描边功能，给黑色字体加上白色边框。整个招
贴画主题鲜明，大大的"拍"字后面是一个爆炸图案，并落下大大小小的红五星，意喻拍卖
会有惊人的实惠等着您去分享。

图 2-4-1

### 2.4.2 制作方法

1. 制作底图

（1）设置背景色→红色。

（2）单击"文件"→"新建"菜单命令，建立一个新图像。其中参数：宽度为787像素、高度为551像素、分辨率为100像素/英寸、颜色模式为RGB、背景内容为背景色。制作的图像如图2-4-2所示。

图 2-4-2

（3）单击"滤镜"→"渲染"→"镜头光晕"菜单命令，在底图上制作出镜头光晕。其中参数如图2-4-3所示，此时底图的效果如图2-4-4所示。

图 2-4-3

图 2-4-4

2. 制作多角星

（1）在"图层"调板，单击"创建新图层"按钮，建立一个新图层"图层1"。

（2）单击"滤镜"→"Eye Candy 3.0"（甜蜜眼神）→"Star"（星光）菜单命令，制作一个多角星。其中参数：Number of Sides（尖端数目）为15、Indentation（凹进距离）为50、Scale（缩放）为74、X–shift（X 偏移）为0、Y–shift（Y 偏移）为0、Opacity（不透明度）为86、Orientation（角度）为0、Inner Color（内侧颜色）为红色、Outer Color（外侧颜色）

为红色，效果如图 2-4-5 所示。

（3）单击"编辑"→"自由变换"菜单命令，将多角星垂直缩小并移动到适当位置。

（4）在"图层"调板上，拖动"图层 1"到"创建新图层"按钮，复制一个"图层 1 副本"图层。

（5）设置当前图层为"图层 1"。

（6）按下"Ctrl"键，在"图层"调板上，单击"图层 1"缩览图，将多角星选取。

（7）设置前景色为白色。

（8）按下"Alt+Delete"组合键，将选取的多角星填充为白色。

（9）单击"编辑"→"自由变换"菜单命令，将白色多角星向上、左、右方向拉抻。

（10）按下"Ctrl+D"组合键，清除选取框，此时图像的效果如图 2-4-6 所示。

图 2-4-5　　　　　　　　　　　　图 2-4-6

### 3．制作文字"拍"

（1）单击"横排文字工具"**T**，弹出文字工具选项栏；设置文本字体为华文行楷，大小为 160 点、颜色为白色；输入"拍"。

（2）在"图层"调板上，拖动"拍"图层到"创建新图层" 按钮，复制一个"拍副本"图层。

（3）设置当前图层为"拍"。

（4）单击"图层"→"栅格化"→"文字"菜单命令，将文字图层转变为普通图层。

（5）按下"Ctrl"键，在"图层"调板上单击"拍"图层缩览图，将文字选取。

（6）设置前景色为黑色。

（7）按下"Alt+Delete"组合键，将选取的文字填充为黑色。

（8）单击"编辑"→"自由变换"菜单命令，将黑色字向上、左、右方向拉抻。

（9）按下"Ctrl+D"组合键，清除选取框，此时图像的效果如图 2-4-7 所示。

### 4．制作圆环

（1）在"图层"调板上单击"创建新图层"按钮，建立一个新图层"图层 2"。

（2）单击"椭圆选框工具" ○，按下"Shift"键，画一个圆，将"拍"字圈住。

（3）在"路径"调板上单击，选择"建立工作路径"菜单命令，将选取框变成工作路径。其中参数：容差为 0.5 像素。

（4）单击"画笔工具" ，然后打开"画笔"调板，单击"画笔调板"按钮，在"画笔笔尖形状"栏中选择"柔角 5 像素"画笔。设置：间距为 280%，其余参数取默认值。

（5）在"路径"调板上单击，选择"描边路径"菜单命令，对路径进行描边处理。其中参数：工具为画笔。

（6）在"路径"调板上单击 ，选择"删除路径"菜单命令，将路径删除。此时图像的效果如图 2-4-8 所示。

图 2-4-7

图 2-4-8

### 5. 制作五角星

（1）在"图层"调板上单击"创建新图层"按钮，建立一个新图层"图层 3"。

（2）设置前景色为红色。

（3）单击"画笔工具"，单击选项栏中的"画笔预设"选取器下拉选项框，并单击，选择"混合画笔"菜单命令，将混合画笔追加到当前画笔框中。

（4）在画笔形状选择框中，选择 "星形 - 大"画笔。

（5）在图像上多次单击，画出多个五角星，效果如图 2-4-9 所示。

（6）单击"魔棒工具"，单击一个五角星，将其选取。

（7）单击"编辑"→"自由变换"菜单命令，将选取的五角星放大。

（8）按下"Ctrl+D"组合键，清除选取框。

（9）多次重复步骤（5）～（8），放大几个五角星，效果如图 2-4-10 所示。

图 2-4-9

图 2-4-10

### 6. 制作文字

（1）单击"横排文字工具" T，弹出文字工具选项栏；设置文本字体为理德综艺简，大小为 40 点，颜色为黑色；输入"雅人深致古玩城"，单击"提交所有当前编辑"，完成文字的输入。

（2）设置文本字体为华文中宋，大小为 36 点，颜色为白色；输入"第六届异宝奇珍拍卖会"，单击"提交所有当前编辑"，完成文字的输入，如图 2-4-11 所示。

（3）单击"图层"→"图层样式"→"描边"菜单命令，给文字加上白边。其中参数：

大小为 3 像素、位置为外部、混合模式为正常、不透明度为 100%、填充类型为颜色、颜色为白色，其余参数取默认值。此时的文字效果如图 2-4-12 所示。

（4）设置文本字体为黑体，大小为 16 点，颜色为黑色，行距为 30 点；输入展拍日期和开拍时间，单击"提交所有当前编辑"✔，完成文字的输入，如图 2-4-12 所示。

图 2-4-11

图 2-4-12

（5）单击"图层"→"图层样式"→"外发光"菜单命令，对文字进行外发光处理。其中参数：混合模式为滤色、不透明度为 100%、杂色为 0%、颜色为白色、方法为柔和、扩展为 47%、大小为 8 像素，其余参数取默认值。

（6）设置文本字体为黑体，大小为 16 点，颜色为黑色，行距为 24 点；输入地址和乘车路线，单击"提交所有当前编辑"✔。

至此拍卖招贴画案例制作完毕，效果如图 2-4-1 所示。

## 2.5　照相馆广告

### 2.5.1　案例分析

这是一幅照相馆广告，如图 2-5-1 所示。通过位图图像、铅笔工具，画出黑白相间的串点；再通过调整画布、图像的大小，制作出胶片的齿孔。将齿孔放在人像图片的两边，产生胶片效果，使摄影室的工作目的一目了然。红色主题加上白色光晕，在深褐色背景衬托下十分醒目。整个广告个性鲜明，突出了紫丁工作室的时尚气息。

图 2-5-1

### 2.5.2 制作方法

**1．制作底图**

（1）单击"文件"→"打开"菜单命令，打开一幅图片，如图2-5-2所示，其文件名为b6。

（2）单击"图像"→"调整"→"亮度/对比度"菜单命令，对图片进行高度和对比度的调整，其中参数：亮度为50、对比度为5，图片调整后的效果如图2-5-3所示。

图 2-5-2　　　　　　　　　　　　图 2-5-3

**2．制作胶片**

（1）单击"文件"→"新建"菜单命令，建立一个新图像。其中参数：宽度为1像素、高度为41像素、分辨率同底图一致、颜色模式为位图。

（2）设置前景色为黑色，背景色为白色。

（3）单击"铅笔工具" ✐，弹出"铅笔选项"栏，设置画笔大小为1像素。在图像上画一串点，间隔为1像素，如图2-5-4所示。

（4）设置背景色为黑色。

（5）单击"图像"→"画布大小"菜单命令，调整图像的画布。其中参数：宽度为3像素。调整画面后的效果如图2-5-5所示。

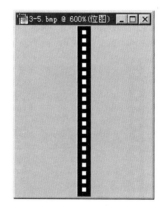

图 2-5-4　　　　　　　　　　　　图 2-5-5

（6）单击"图像"→"图像大小"菜单命令，将图像的高度放大至原图的高度，制作出胶片齿孔。

（7）单击"选择"→"全选"菜单命令，选中全图，并单击"编辑"→"拷贝"菜单命令，将胶片齿孔复制到剪贴板。

（8）回到底图中，单击"编辑"→"粘贴"菜单命令，将胶片齿孔复制到底图上。

（9）单击"移动工具"▶⊕，将胶片齿孔放在底图的左边。

（10）单击"移动工具"▶⊕，按下"Alt"键，复制并拖动胶片齿孔到底图的右边，完成胶片的制作，如图 2-5-6 所示。

**3．制作文字**

（1）单击"直排文字工具"↓T，弹出文字工具选项栏；设置字体为华文行楷，大小为 60 点，颜色为红色；输入"年轮"，单击"提交所有当前编辑"✓，完成文字的输入。

（2）在文字上，单击鼠标右键，选择"栅格化文字"菜单命令，将文字图层转变为普通图层。

（3）单击"滤镜"→"Eye Candy 3.0"（甜蜜眼神）→"Glow"（光晕）菜单命令，制作文字的晕光效果，其中参数：Width（光晕宽度）为 19、Opacity（不透明度）为 100、Opacity Dropoff（光晕形式）为 Fat、Color（光晕颜色）为白色，效果如图 2-5-7 所示。

图 2-5-6

图 2-5-7

（4）单击"直排文字工具"↓T，弹出文字工具选项栏；设置字体为华文行楷，大小为 25 点，颜色为白色；输入"紫丁摄影"，单击"提交所有当前编辑"✓，完成文字的输入。

（5）单击"横排文字工具"T，弹出文字工具选项栏；设置字体为黑体，大小为 16 点，颜色为黑色；输入"地址：北京市日坛北路 18 号"，单击"提交所有当前编辑"✓，完成文字的输入。

（6）在文字上，单击鼠标右键，选择"栅格化文字"菜单命令，将文字图层转变为普通图层。

（7）单击"滤镜"→"Eye Candy 3.0"（甜蜜眼神）→"Glow"（光晕）菜单命令，制作文字的晕光效果，其中参数：Width（光晕宽度）为 10、Opacity（不透明度）为 100、Opacity Dropoff（光晕形式）为 Medium、Color（光晕颜色）为白色。

至此照相馆广告案例制作完毕，效果如图 2-5-1 所示。

## 2.6　餐馆招牌画

### 2.6.1　案例分析

这是一幅餐馆的招牌画，如图 2-6-1 所示。利用灰度模式、文字蒙版、风滤镜、高斯模糊滤镜、波纹滤镜、索引颜色、颜色表、RGB 颜色等功能制作出熊熊燃烧的文字"高丽烧烤城"，突出了该餐馆的经营特色。烧烤箅子上两块已烤好的嫩肉，令人垂涎欲滴，引诱人们走进餐馆大饱口福。整个招牌画主题鲜明，体现了一种餐饮文化。

图 2-6-1

### 2.6.2　制作方法

**1．制作燃烧字**

（1）设置前景色为白色，背景色为黑色。

（2）单击"文件"→"新建"菜单命令，建立一个灰度模式图像。其中参数：宽度为 20.32 厘米，高度为 15.95 厘米，分辨率为 100 像素/英寸，模式为灰度，背景内容为背景色。

（3）单击"横排文字蒙版工具" ，弹出文字工具选项栏；设置文字的字体为小标宋繁体、大小为 100；在图像的下部单击鼠标左键，然后输入"高丽烧烤城"；单击"提交所有当前编辑" ，完成文字框的输入。

（4）按下"Alt+Delete"组合键，将文字框内填充为白色，如图 2-6-2 所示。

图 2-6-2

（5）单击"选择"→"存储选区"菜单命令，将文字框区域保存。

（6）按下"Ctrl+D"组合键，清除文字框。

（7）单击"图像"→"旋转画布"→"90 度（顺时针）"菜单命令，将图像旋转。

（8）单击"滤镜"→"风格化"→"风"菜单命令，制作风吹文字的效果。其中参数：方法为风、方向为从左。

（9）重复执行"风"滤镜，增强风吹的力度，本例执行了 4 次"风"滤镜，效果如图 2-6-3 所示。

（10）单击"滤镜"→"模糊"→"高斯模糊"菜单命令，柔化风吹效果。其中参数：半径为 2.0，效果如图 2-6-4 所示。

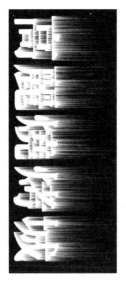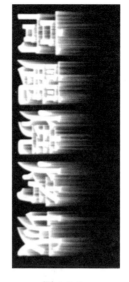

图 2-6-3                   图 2-6-4

（11）单击"图像"→"旋转画布"→"90 度（逆时针）"菜单命令，将图像旋转。

（12）单击"选择"→"载入选区"菜单命令，将文字框选区调出。

（13）单击"选择"→"反向"菜单命令，选取文字以外的部分。

（14）单击"滤镜"→"扭曲"→"波纹"菜单命令，使火焰飘动起来。其中参数：数量为 300，大小为中，效果如图 2-6-5 所示。

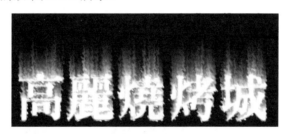

图 2-6-5

（15）按下"Ctrl+D"组合键，清除选取框。

（16）单击"图像"→"模式"→"索引颜色."菜单命令，将图像转换成索引模式。

（17）单击"图像"→"模式"→"颜色表"菜单命令，在"颜色表"下拉列表中选择黑体，文字就会产生发光燃烧的渲染效果，如图 2-6-6 所示。

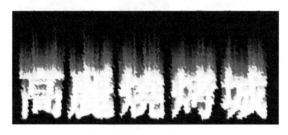

图 2-6-6

（18）单击"图像"→"模式"→"RGB 颜色"菜单命令，将图像转换为 RGB 模式。

（19）单击"选择"→"载入选区"菜单命令，将文字框选区调出。

（20）设置前景色为 RGB 红。

（21）按下"Alt+Delete"组合键，将文字框内填充为前景色。

（22）单击"滤镜"→"Eye Candy 3.0"（甜蜜眼神）→"Carve"（雕刻）菜单命令，制作浮雕文字。其中参数：Bevel Width（斜面宽度）为 20、Bevel Shape（斜面形状）为 Mesa、Smoothness（光滑度）为 5、Shadow Depth（雕刻深度）为 50、Darken Depths（暗部区域）为 48、Highlight Brightness（高光区亮度）为 100、Highlight Sharpness（高光区清晰度）为 30、Direction（方向）为 135、Inclination（倾角）为 45，效果如图 2-6-7 所示。

图 2-6-7

### 2．将燃烧字嵌入到图像中

（1）单击"魔棒工具"，单击黑色区域，然后单击"选择"→"反向"菜单命令，将燃烧字选取。

（2）单击"编辑"→"拷贝"菜单命令，将燃烧字复制到剪贴板。

（3）单击"文件"→"打开"菜单命令，打开一幅图像，如图 2-6-8 所示，其文件名为 b7。

图 2-6-8

（4）单击"编辑"→"粘贴"菜单命令，将燃烧字从剪贴板粘贴到图像上。

（5）单击"移动工具"，将燃烧字移动到适当位置。

至此餐馆招牌画案例制完毕作，效果如图 2-6-1 所示。

## 2.7 摄影展招贴画

### 2.7.1 案例分析

这是一幅大西北风土情摄影展招贴画，如图 2-7-1 所示。大西北美丽而神秘，那里有无尽的宝藏。本例将一幅具有西部特色的图像作为底图，残淡的落日，幽静的荒野，神秘感十足。通过 KPT 旋转滤镜做出旋风的效果，在旋风的中心贴入一只大眼睛，眼睛象征着对大西北宝藏的渴望，也喻意只有用眼睛才能捕捉到大西北的神秘及风土情的绝色。在眼睛上制作出夸张的太阳光反射效果，表示摄影展内容光彩夺目，也意喻未来的大西北光辉灿烂。利用路径和文字工具制作出沿路径排列的文字，突出了摄影展的主题。

图 2-7-1

### 2.7.2 制作方法

#### 1. 制作底图

（1）单击"文件"→"打开"菜单命令，打开一幅图像，如图 2-7-2 所示，其文件名为 b8。

（2）单击"滤镜"→"KPT 3.0"→"KPT Twirl 3.0"（旋转）菜单命令，制作旋风效果。其中参数：Mode（模式）为 Twirl、Glue（混合方式）为 Lighten Only、Opacity（不透明度）为 100%，并从缩览图的右边向左拖动鼠标，效果如图 2-7-3 所示。

图 2-7-2

图 2-7-3

（3）单击"滤镜"→"KPT3.0"→"Gradient Designer"（渐变设计师）菜单命令，制作光射效果。其中参数：Mode（模式）为 Radial Sweep、Loop（渐层循环方式）为 Sawtooth A->B 与 No Distortion、Repeat（循环次数）为 3、Opacity（不透明度）为 USE Current Selection、Glue（混合模式）为 Procedural+，Direction（角度）为 320，并调整其渐变条为两端白色，左端附近为黑色，完成底图的制作，效果如图 2-7-4 所示。

### 2. 嵌入眼睛

（1）单击"文件"→"打开"菜单命令，打开一幅眼睛图像，如图 2-7-5 所示，其文件名为 b9。

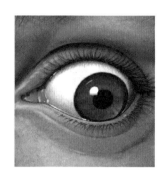

图 2-7-4 图 2-7-5

（2）单击"移动工具" ，拖动眼睛到底图上。

（3）单击"编辑"→"自由变换"菜单命令，将眼睛缩放并移动到适当位置，如图 2-7-6 所示。

（4）单击"矩形选框工具" ，设置羽化为 20 像素。

（5）在眼睛边缘靠里面的位置拖动鼠标画出一个矩形框。

（6）单击"选择"→"反向"菜单命令，选择矩形框以外的区域。

（7）按"Delete"键，将边缘颜色删除。

（8）为了使眼睛更好地融于背景中，可多按几次"Delete"键，本例中按下三次"Delete"键，效果如图 2-7-7 所示。

图 2-7-6 图 2-7-7

### 3. 制作路径文字

（1）在"图层"调板上单击"创建新图层" ，建立一个新图层。

（2）单击"钢笔工具"，画一条路径，单击"转换点工具"，对路径进行细致的修改，生成一条光滑的路径，如图 2-7-8 所示。

（3）单击"横排文字工具"，在路径上开始输入文字的地方单击，然后输入文字"神秘的大西北绝色的风土情"。在输入的过程中文字将按照路径的走向排列。

（4）设置文字参数：字体为理德综艺简、字号为 30 点、颜色为白色；文字"绝"的参数：字体为理德颜楷简、字号为 52 点，完成路径文字的制作。

（5）单击"图层"→"图层样式"→"投影"菜单命令，给文字添加阴影。其中参数：混合模式为正片叠底、不透明度为 80%、角度为 120 度、距离为 3 像素、扩展为 2%、大小为 3 像素，其余参数取默认值，效果如图 2-7-9 所示。

图 2-7-8　　　　　　　　　　　　　　　图 2-7-9

#### 4．制作渐变文字

（1）在"图层"调板上单击"创建新图层"，新建一个图层。

（2）单击"直排文字蒙版工具"，弹出文字工具选项栏；设置文字的字体为粗圆体、大小为 48 点，垂直缩放为 90%；输入"西北风情摄影"。

（3）设置前景色为纯蓝，背景色为白色。

（4）单击"渐变工具"，设置渐变方式为径向渐变，渐变颜色为前景色到背景色。

（5）在文字框的中部画一条直线，文字框内填充为渐变色，如图 2-7-10 所示。

图 2-7-10

（6）单击"图层"→"图层样式"→"斜面和浮雕"菜单命令，对文字制作立体效果。其中参数：样式为外斜面、方式为平滑、深度为 100%、方向为上、大小为 3 像素、软化为 3 像素、角度为 135 度，其余参数取默认值。

（7）按下"Ctrl+D"组合键，清除文字框。

至此摄影展招贴画案例制作完毕，效果如图 2-7-1 所示。

## 2.8 服装城开业广告

### 2.8.1 案例分析

这是一幅服装城开业广告，如图 2-8-1 所示。利用镜头光晕滤镜制作出底图；利用水平翻转命令将模特图像水平翻转；利用渐变工具制作出渐变文字；利用火焰滤镜给文字加上火焰；利用圆角矩形工具和颜色目标图层样式，制作出具有彩色圆点的立体圆角矩形；利用外发光功能，给文字加上白色光环，使文字更加清晰。整个广告热情奔放，引人注目。渐变文字与圆角矩形的颜色如出一辙，大大的火焰字与彩色圆点相互辉映，突出了该服装城年轻、时尚、华美、潮流的服装特色，并意喻该服装城的买卖一定红红火火，是人们购物的热点。

图 2-8-1

### 2.8.2 制作方法

#### 1．制作底图

（1）设置背景色为蜡笔洋红。

（2）单击"文件"→"新建"菜单命令，建立一幅新图像。其中参数：宽度为 787 像素、高度为 530 像素、分辨率为 100 像素/英寸、颜色模式为 RGB、背景内容为背景色。

（3）单击"滤镜"→"渲染"→"镜头光晕"菜单命令，将图像加上镜头光晕。其中参数：亮度为 171、镜头类型为 35mm 聚集，并将镜头光晕的中心点调整到图形的左上方。此时图像的效果如图 2-8-2 所示。

#### 2．嵌入模特

（1）单击"文件"→"打开"菜单命令，打开一幅模特图像，如图 2-8-3 所示，其文件名为 b10。

（2）单击"图像"→"旋转画布"→"水平翻转"菜单命令，将图像水平翻转。

（3）单击"魔棒工具"，按住"Shift"键，选中白色背景区域。

（4）单击"选择"→"反向"菜单命令，选中模特。

图 2-8-2

图 2-8-3

（5）单击"移动工具" ，拖动模特到底图中。

（6）单击"编辑"→"自由变换"菜单命令，将模特缩小并移到适当的位置，此时图像的效果如图 2-8-4 所示。

### 3. 制作主题字

（1）在"图层"调板上单击"创建新图层"按钮，建立一个新图层"图层 1"。

（2）单击"横排文字蒙版工具" ，弹出文字工具选项栏；设置字体为理德特粗黑简，大小为 65 点，字间距为 75；输入"东方"，设置大小为 80 点，接着输入"热"，设置大小为65 点，再输入"点"；单击"提交所有当前编辑" ，完成文字框的输入。

（3）单击"渐变工具" ，设置渐变颜色为蓝红黄渐变，渐变方式为线性渐变。在文字框上从左至右画一条直线，将文字框内填充为渐变色，效果如图 2-8-5 所示。

图 2-8-4

图 2-8-5

（4）按下"Ctrl+D"组合键，清除文字框。

（5）在"图层"调板上，拖动文字图层至"创建新图层"按钮上，生成新的图层"图层2 副本"。

（6）设置当前图层为"图层 2"。

（7）单击"图层"→"图层样式"→"投影"菜单命令，给文字加上投影。其中参数：混合模式为正片叠底、不透明度为 65%、角度为 30 度、选中"使用全局光"、距离为 4 像素、扩展为 5%、大小为 2 像素，其余参数取默认值。

**4．制作火焰字**

（1）设置当前图层为"图层 2 副本"。

（2）单击"魔棒工具"🪄，按下"Shift"键，将"热"字选取。

（3）单击"滤镜"→"Eye Candy 3.0"（甜蜜眼神）→"Fire"（火焰）菜单命令，给文字加上火焰。其中参数：Flame Width（火焰宽度）为 14、Flame Heigh（火焰高度）为 112、Movement（运动方式）为 54、Inside Masking（火焰对比度）为 100、Edge Softness（边缘柔化）为 5、Random Seed（随机变化）为 516。

（4）按下"Ctrl+D"组合键，清除文字框。此时图像的效果如图 2-8-6 所示。

**5．扭曲文字**

（1）在"图层"调板上，按住"Ctrl"键单击"图层 2"，同时选中"图层 2"与"图层 2 副本"这两个图层。

（2）单击"链接"按钮 ⊡，将"图层 2"与"图层 2 副本"链接。

（3）单击"编辑"→"变换"→"透视"菜单命令，将文字倾斜，效果如图 2-8-7 所示。

图 2-8-6　　　　　　　　　　　　　　图 2-8-7

**6．制作圆角矩形**

（1）单击"圆角矩形工具"▢，设置半径为 20 像素，图层样式为颜色目标。在图层上拖动鼠标，生成一个圆角矩形。

（2）单击"图层"→"栅格化"→"形状"菜单命令，将形状图层转变为普通图层。

（3）在"图层"调板上，关闭"形状 1"图层中的投影和描边效果，此时图像的效果如图 2-8-8 所示。

**7．制作文字**

（1）单击"横排文字工具"**T**，弹出文字工具选项栏；设置文字字体为理德水注简，大小为 40 点、颜色为白色，输入"年轻 时尚　华美 潮流"，单击"提交所有当前编辑"✓，完成文字的输入。

（2）设置文字字体为理德海报，大小为 50 点、颜色为红色，输入"日韩"；设置大小为 40 点、颜色为黑色，输入"精品服装服饰"，单击"提交所有当前编辑"✓，完成文字的输入。此时图像的效果如图 2-8-9 所示。

（3）单击"图层"→"图层样式"→"外发光"菜单命令，对文字进行发光处理。其中参数：混合模式为滤色、不透明度为 90%、杂色为 0%、颜色为白色、方法为柔和、扩展为17%、大小为 5 像素，其余参数取默认值。

图 2-8-8

图 2-8-9

（4）设置文字字体为黑体，大小为 30 点、颜色为黑色，输入"11 月 10 日开业"，单击"提交所有当前编辑" ✔，完成文字的输入。

（5）单击"图层"→"图层样式"→"外发光"菜单命令，对文字进行发光处理。其中参数：混合模式为滤色、不透明度为 90%、杂色为 0%、颜色为白色、方法为柔和、扩展为 15%、大小为 4 像素，其余参数取默认值。

（6）设置文字字体为黑体，大小为 20 点、颜色为黑色，输入地址，单击"提交所有当前编辑" ✔。

至此服装城开业广告案例制作完毕，效果如图 2-8-1 所示。

## 2.9 化妆品广告

### 2.9.1 案例分析

这是一幅化妆品广告，如图 2-9-1 所示。利用渐变工具制作出底图。利用羽化、删除功能将美女图像融合在底图上。利用文字工具、矩形选框和极坐标滤镜，制作出文字环。利用扩展和描边命令，制作出文字的外框。利用文鼎霹雳字制作出"斑"，使斑产生裂痕，再在周围出现"没"的文字环，形象地说明了该化妆品的功效。整个广告主题鲜明，宣传了一种全新的美容理念，产生了只要你使用本品，就会像广告中的美女一样滋润、美白的效果。

图 2-9-1

### 2.9.2 制作方法

**1. 制作底图**

（1）单击"文件"→"新建"菜单命令，建立一幅新图像。其中参数：宽度为 945 像素、高度为 678 像素、分辨率为 100 像素/英寸、颜色模式为 RGB、背景内容为白色。

（2）设置前景色为白色，背景色为 R174、G166、B217。

（3）单击"渐变工具" ，设置渐变方式为线性渐变 ，渐变颜色为前景到背景渐变。在图像的中央至右上角点画一条直线，制作出渐变背景，效果如图 2-9-2 所示。

**2. 嵌入美女**

（1）单击"文件"→"打开"菜单命令，打开一幅图像，如图 2-9-3 所示，其文件名为 b11。

图 2-9-2            图 2-9-3

（2）单击"移动工具" ，拖动美女图像到底图上。

（3）单击"矩形选框工具" ，设置羽化为 30 像素。在美女图像上画一个稍小于该图像的矩形框。

（4）单击"选择"→"反向"菜单命令，将选区反选。

（5）按下 3 次"Delete"键，将美女图像与底图完全融合。

（6）按下"Ctrl+D"组合键，清除选框。此时图像的效果如图 2-9-4 所示。

**3. 制作"没斑"**

（1）在"图层"调板上单击"创建新图层"按钮 ，建立一个新图层。

（2）设置前景色为黑色。

（3）单击"椭圆工具" ，在椭圆工具选项栏上单击"填充像素" ，然后按下"Shift"键，画一个圆。

（4）单击"横排文字工具" ，弹出文字工具选项栏；设置文字字体为文鼎霹雳体，大小为 50 点，颜色为白色；输入"斑"，单击"提交所有当前编辑" ，完成文字的输入。

（5）设置字体为黑体，大小为 30 点，水平缩放为 40%，字距为 104，伪粗体，颜色为深黑绿；输入 14 个"没"，单击"提交所有当前编辑" ，完成文字的输入。此时图像的效果如图 2-9-5 所示。

（6）在文字上，单击鼠标右键，选择"栅格化文字"菜单命令，将文字图层转变为普通图层。

（7）单击"矩形选框工具" ，按住 Shift 键在 14 个文字"没"周围画一个正方形框。

（8）单击"滤镜"→"扭曲"→"极坐标"菜单命令，制作 1 个文字环。其中参数：平面坐标到极坐标，效果如图 2-9-6 所示。

图 2-9-4

图 2-9-5

（9）按下"Ctrl+D"组合键，清除选框。

（10）单击"编辑"→"自由变换"菜单命令，将文字环移动并缩小，使其环绕在黑圆的四周，效果如图 2-9-7 所示。

图 2-9-6

图 2-9-7

（11）在"图层"调板上按住"Ctrl"键将文字环、斑、黑圆 3 个图层同时选中，然后单击 ，选择"合并图层"菜单命令，将 3 个图层合并为一个图层。

（12）单击"编辑"→"自由变换"菜单命令，将图层垂直压缩，效果如图 2-9-8 所示。

**4．制作化妆品名称**

（1）单击"横排文字工具"**T**，弹出文字工具选项栏；设置文字字体为黑体，大小为 50 点，字距为 150，颜色为暗蓝；输入"紫萝草"，单击"提交所有当前编辑" ✓，完成文字的输入。

（2）在文字上，单击鼠标右键，选择"栅格化文字"菜单命令，将文字图层转变为普通图层。

（3）按下"Ctrl"键，在"图层"调板上单击"梦妮娜"图层缩览图，将文字全部选取。

（4）单击"选择"→"修改"→"扩展"菜单命令，将选框扩展。其中参数：扩展量为 9 像素。

（5）单击"编辑"→"描边"菜单命令，加上边框。其中参数：宽度为 3 像素、颜色为黑蓝、位置为内部，其余参数取默认值。此时图像的效果如图 2-9-9 所示。

（6）按下"Ctrl+D"组合键，清除选框。

（7）单击"横排文字工具"**T**，弹出文字工具选项栏；设置文字字体为隶书，大小为 46

点，颜色为黑蓝；输入"祛斑美白露"，单击"提交所有当前编辑" ✓，完成文字的输入。此时图像的效果如图 2-9-9 所示。

图 2-9-8                           图 2-9-9

### 5．制作产品说明

（1）在"图层"调板上单击"创建新图层" 按钮，建立一个新图层。

（2）设置前景色为黑蓝。

（3）单击"圆角矩形工具" ，在圆角矩形工具选项栏上单击"填充像素" 选项，设置半径为 15 像素，画一个圆角矩形。

（4）单击"横排文字工具" T，弹出文字工具选项栏；设置文字字体为隶书，大小为 20 点，颜色为白色；输入"全新美容理念"，单击"提交所有当前编辑" ✓，完成文字的输入。

（5）单击"横排文字工具" T，弹出文字工具选项栏；设置文字字体为黑体，大小为 11 点，伪粗体，颜色为暗蓝；输入全新美容理念的内容，单击"提交所有当前编辑" ✓，完成文字的输入。

（6）重复上述步骤，制作其余的产品说明。此时图像的效果如图 2-9-10 所示。

（7）在"图层"调板上单击"创建新图层" 按钮，建立一个新图层。

（8）设置前景色为白色，背景色为 R198、G214、B125。

（9）单击"矩形选框工具" ，画一个矩形框。

（10）单击"渐变工具" ，设置渐变方式为线性渐变 ，渐变颜色为前景到背景渐变；在矩形框内从左至右画一条直线，将矩形框内填充为渐变色。

（11）按下"Ctrl+D"组合键，清除矩形框。

（12）单击"横排文字工具" T，弹出文字工具选项栏；设置文字字体为隶书，大小为 20 点，颜色为暗蓝；输入"由国家卫生部审批的特效祛斑产品"，单击"提交所有当前编辑" ✓，完成文字的输入。此时图像的效果如图 2-9-11 所示。

图 2-9-10                          图 2-9-11

（13）在"图层"调板上单击"创建新图层"按钮■，建立一个新图层。

（14）设置前景色为浅蓝紫。

（15）单击"矩形选框工具"［］，画一个矩形框。

（16）按下"Alt+Delete"组合键，将矩形框内填充为前景色。

（17）按下"Ctrl+D"组合键，清除矩形框。

（18）单击"横排文字工具"T，弹出文字工具选项栏；设置文字字体为黑体，大小为18点，水平缩放为60%，字距为150，颜色为白色；输入制造商和咨询电话，单击"提交所有当前编辑"✔，完成文字的输入。

至此化妆品广告案例制作完毕，效果如图2-9-1所示。

## 2.10　装饰公司广告

### 2.10.1　案例分析

这是一幅装饰公司广告，如图2-10-1所示。将木纹背景复制一份，再通过选框工具、选择功能、斜面和浮雕图层样式，制作出木纹相框。在相框内嵌入装饰图片，尽展公司的装饰风格。将木纹背景再复制一份，通过文字框、选择功能、斜面和浮雕图层样式，制作出立体字，再给文字加上外发光图层样式，使立体字更加醒目。通过心形形状工具和浮雕图层样式，制作出红心。整个广告别出心裁，既突出了装饰风格，又表达了该公司诚心诚意为用户精心奉献的服务项目。

图 2-10-1

### 2.10.2　制作方法

#### 1．制作木纹相框

（1）单击"文件"→"打开"菜单命令，打开一幅木纹图像，如图2-10-2所示，其文件名为b12。

（2）在"图层"调板上，拖动背景至"创建新图层"按钮■，将木纹图像复制。

（3）单击"视图"→"显示"→"网格"菜单命令，在图层上显示网络。

（4）单击"矩形选框工具"［］，按下"Shift"键，画6个矩形框。

（5）单击"视图"→"显示"→"网格"菜单命令，在图层上关闭网络。

（6）单击"选择"→"反向"菜单命令，将选区反选。

（7）按下"Delete"键，将选区内图像删除。

（8）单击"选择"→"反向"菜单命令，再次选取 6 个矩形框。

（9）单击"选择"→"修改"→"收缩"菜单命令，将选区缩小。其中参数：收缩量为 12 像素。

（10）按下"Delete"键，将选区内的图像删除。

（11）按下"Ctrl+D"组合键，清除选区。

（12）单击"图层"→"图层样式"→"斜面和浮雕"菜单命令，生成立体相框。其中参数：样式为内斜面、方法为平滑、深度为 100%、方向为上、大小为 7 像素、软化为 2 像素、角度为 120 度，其余参数取默认值。此时图像的效果如图 2-10-3 所示。

图 2-10-2

图 2-10-3

## 2．嵌入装饰图片

（1）单击"文件"→"打开"菜单命令，打开 6 幅装饰图片，如图 2-10-4、图 2-10-5、图 2-10-6、图 2-10-7、图 2-10-8、图 2-10-9 所示，其文件名为 b13、b14、b15、b16、b17、b18。

图 2-10-4

图 2-10-5

图 2-10-6

图 2-10-7

图 2-10-8

图 2-10-9

（2）单击"移动工具" ，拖动装饰图片到木纹图上。

（3）在"图层"调板上，调整装饰图片图层至相框图层的下面。

（4）在标尺上拖出参考线，并将其调整成三行二列的填充框。单击"编辑"→"自由变换"菜单命令，将装饰图片缩小并移到框内。

（5）重复上面的步骤，直到所有的相框内都装上图片，此时图像的效果如图2-10-10所示。

### 3．制作发光立体字

（1）在"图层"调板上，拖动背景至"创建新图层"按钮 ，将木纹图像再次复制。

（2）单击"横排文字蒙版工具" ，设置字体为理德综艺简，大小为70点，行间距为80，仿斜体；输入"凤凰装潢"；单击"提交所有当前编辑" ，完成文字框的输入。

（3）单击"选择"→"反向"菜单命令，将选区反选。

（4）按下"Delete"键，将选区内的图像删除。

（5）按下"Ctrl+D"组合键，清除选区。

（6）单击"图层"→"图层样式"→"斜面和浮雕"菜单命令，生成立体文字。其中参数：样式为外斜面、方法为平滑、深度为100%、方向为下、大小为2像素、软化为1像素、角度为30度、光泽等高线为高斯分布，其余参数取默认值。此时图像的效果如图2-10-11所示。

图2-10-10

图2-10-11

（7）单击"图层"→"图层样式"→"外发光"菜单命令，对文字进行外发光处理。其中参数：混合模式为滤色、不透明度为90%、杂色为34%、方法为精确、扩展为12%、大小为36像素，其余参数取默认值。此时图像的效果如图2-10-12所示。

### 4．制作文字

（1）单击"横排文字工具" ，弹出文字工具选项栏；设置文字字体为理德综艺简，大小为35点、颜色为白色，输入"精　奉献"；设置文字字体为黑体、大小为20点，输入业务范围，单击"提交所有当前编辑" ，完成文字的输入。

（2）在"图层"调板上，单击"创建新图层"按钮 ，建立一个新图层。

（3）单击"矩形选框工具" ，按下"Shift"键，在业务范围下面画4个矩形框。

（4）设置前景色为浅紫色。

（5）按下"Alt+Delete"组合键，将选区内填充为前景色。

（6）按下"Ctrl+D"组合键，清除选区。

（7）单击"横排文字工具" ，弹出文字工具选项栏；设置文字字体为黑体，大小为20点，颜色为白色，仿粗体，输入公司地址和电话，单击"提交所有当前编辑" ，完成文字的输入。此时图像的效果如图2-10-13所示。

图 2-10-12                                              图 2-10-13

5. 制作红心

（1）在"图层"调板中单击"创建新图层"按钮，建立一个新图层。

（2）设置前景色为红色。

（3）单击"自定形状工具"，在选项栏上，选择"填充像素"、选择"形状"为♥形，在文字"精"与"奉"的中间拖动鼠标画出一颗红心。

（4）单击"图层"→"图层样式"→"斜面和浮雕"菜单命令，对红心进行立体处理。其中参数：样式为内斜面、方法为平滑、深度为100%、方向为上、大小为6像素、软化为2像素、角度为120度，其余参数取默认值。

至此装饰公司广告案例制作完毕，效果如图2-10-1所示。

# 第3章 平面设计与装帧实例

## 3.1 小说集封面

### 3.1.1 案例分析

这是一幅小说集的封面,如图3-1-1所示。将美女与蝴蝶拼合,制作出蝴蝶美女,突出了小说家刘清清浪漫、脱俗的写作风格。利用彩色半调滤镜,将文字"梦开始的地方"渲染出星星点点的效果,增添了一丝梦境感觉,与小说内容相吻合。用蓝色花边点缀文字"刘清清小说集",使整个封面更加清新怡人。

图 3-1-1

### 3.1.2 制作方法

#### 1. 制作蝴蝶美女

(1)单击"文件"→"打开"菜单命令,打开一幅美女图像,如图3-1-2所示,其文件名为c1。

(2)单击"文件"→"打开"菜单命令,打开一幅蝴蝶图像,如图3-1-3所示,其文件名为c2。

(3)单击"魔棒工具"✎,单击蝴蝶图像上的空白区域,然后单击"选择"→"反向"菜单命令,将蝴蝶选取。

(4)单击"移动工具"▶⊕,拖动蝴蝶到美女图像上。

(5)单击"编辑"→"自由变换"菜单命令,将蝴蝶缩小、移动,如图3-1-4所示。

(6)在"图层"调板上单击▾☰,选择"拼合图像"菜单命令,将所有的图层合并为一个图层。

图 3-1-2

图 3-1-3

（7）单击"裁切工具" ，将图像裁切，效果如图 3-1-5 所示。

图 3-1-4

图 3-1-5

（8）单击"吸管工具" ，按住"Alt"键在图像的底色上单击，将背景色设置为绿色。

（9）单击"图像"→"画布大小"菜单命令，将画布尺寸加大。其中参数：宽度为 10.4 厘米、高度为 14.8 厘米、定位为正下方、画布扩展颜色为背景。

（10）在工具箱中单击"切换前景色和背景色"工具，将前景色设置为绿色。

（11）单击"油漆桶工具" ，将画布上的人像附近的空白区域填充上纯绿色，如图 3-1-6 所示。

### 2．制作文字

（1）在"图层"调板上单击"创建新图层" 按钮，建立一个新图层。

（2）单击"横排文字蒙版工具" ，弹出文字工具选项栏；设置文字的字体为行楷简体、大小为 40 点；在图像上单击鼠标左键，然后输入"梦开始的地方"；单击"提交所有当前编辑" ，完成文字框的输入。

（3）设置前景色为白色。

（4）按下"Alt+Delete"组合键，将文字框内填充为前景色，如图 3-1-7 所示。

图 3-1-6　　　　　　　　　　　　　图 3-1-7

（5）设置前景色为 RGB 蓝。

（6）按下"Alt+Delete"组合键，将文字框内填充为前景色。

（7）单击"滤镜"→"像素化"→"彩色半调"菜单命令，制作文字的彩点效果。其中参数：最大半径为 8、通道 1 为 108、通道 2 为 162、通道 3 为 90、通道 4 为 45，效果如图 3-1-8 所示。

（8）单击"图层"→"图层样式"→"斜面和浮雕"菜单命令，使文字产生立体效果。其中参数：样式为外斜面、方式为平滑、深度为 100%、方向为上、大小为 4 像素、软化为 4 像素、角度为 115 度，其余参数取默认值。

（9）在"图层"调板上，设置不透明度为 80%，效果如图 3-1-8 所示。

（10）单击"横排文字工具" **T**，弹出文字工具选项栏；设置文字的字体为小标宋简体、大小为 18 点、颜色为黑色；在图像上文字出现的位置单击鼠标左键，然后输入"刘清清小说集"；单击"提交所有当前编辑" ✓，完成文字的输入，如图 3-1-9 所示。

图 3-1-8　　　　　　　　　　　　　图 3-1-9

### 3．制作花边

（1）在"图层"调板上单击"创建新图层"按钮▢，建立一个新图层。

（2）设置前景色为 RGB 蓝。

（3）单击"椭圆选框工具" ⬭，画一个椭圆框，圈住文字"刘清清小说集"。

（4）在"路径"调板上单击▤，选择"建立工作路径"菜单命令，将选区转变为路径。其中参数：容差为 0.5。

（5）单击"画笔工具" ✎，设置画笔为星形放射小；打开"画笔"调板，单击"画笔笔尖形状"，定义所选画笔，其中参数：间距为 30，其余参数取默认值。

（6）在"路径"调板上单击▤，选择"描边路径"菜单命令，将路径用所选画笔填充。其中参数：工具为画笔。

（7）在"路径"调板上，单击空白区域，将路径关闭。

至此小说集封面案例制作完毕，效果如图 3-1-1 所示。

## 3.2　世界风光摄影图库光盘封面

### 3.2.1　案例分析

这是一幅世界风光摄影图库的光盘包装盒封面，如图 3-2-1 所示。文字"世界风光摄影"以山脉为分界呈现橘黄、蓝两种颜色，与蓝天、白云、金黄色山脉相互辉映，别有情趣。利用纹理化滤镜与内斜面效果制作的 4 幅风景画框别出心裁，展示了光盘的部分内容。蓝色多角星上的"奇景"二字，意喻光盘内的风光摄影新、奇、特，只要拥有多方面的图库素材，就能设计出优秀的广告作品。两个光盘代表该图库为双 CD。整个封面协调统一，突出了该图库勇于创新、领先一步的风格。

图 3-2-1

### 3.2.2　制作方法

#### 1．制作封面标题

（1）单击"文件"→"打开"菜单命令，打开一幅风景图像，如图 3-2-2 所示，其文件名为 c3。

（2）单击"多边形套索工具" ⬦，将天空选取。

（3）单击"选择"→"存储选区"菜单命令，将选区存储为"天空"。

（4）单击"横排文字工具" **T**，弹出文字工具选项栏；设置文字的字体为楷体、大小为 65 点、颜色为 RGB 蓝；在图像上文字出现的位置单击鼠标左键，然后输入"世界风光摄影"；单击"提交所有当前编辑" ✔️，完成文字的输入。

（5）单击"图层"→"栅格化"→"文字"菜单命令，将文本图层转换为普通图层。

（6）单击"移动工具" ▶+，将文字移动到适当位置，如图 3-2-3 所示。

图 3-2-2

图 3-2-3

（7）单击"选择"→"载入选区"菜单命令，将"天空"选区调出。

（8）单击"移动工具" ▶+，按下"Alt"键，用鼠标拖动选区将选区内的文字进行复制。

（9）单击"吸管工具" ✒️，在橘黄色山脉上单击，将前景色设置为橘黄色。

（10）按下"Alt+Delete"组合键，用前景色填充文字，效果如图 3-2-4 所示。

（11）单击"移动工具" ▶+，将橘黄色文字移动到与蓝色文字吻合，效果如图 3-2-5 所示。

（12）按下"Ctrl+D"组合键，清除选取框。

（13）单击"图层"→"图层样式"→"投影"菜单命令，给文字加上投影。其中参数：混合模式为正片叠底、不透明度为 75%、角度为 120 度、距离为 5 像素、扩展为 5%、大小为 5 像素，其余参数取默认值。完成光盘标题的制作，效果如图 3-2-5 所示。

图 3-2-4

图 3-2-5

## 2. 嵌入风景图像

（1）单击"文件"→"打开"菜单命令，打开 4 幅风景图像，如图 3-2-6 所示，其文件名为 c4 至 c7。

图 3-2-6

（2）单击"选择"→"全部"菜单命令，将当前风景图像选取。

（3）单击"矩形选框工具"，按下"Alt"键，在风景图像内拖动出一个边框。

（4）单击"编辑"→"拷贝"菜单命令，将边框图像复制到剪贴板上。

（5）单击"编辑"→"粘贴"菜单命令，将边框图像从剪贴板上粘贴到图像中。

（6）单击"滤镜"→"纹理"→"纹理化"菜单命令，使边框产生沙岩效果。其中参数：纹理为沙岩、缩放为 61、凹陷为 10、光照方向为上，如图 3-2-7 所示。

（7）单击"图层"→"图层样式"→"斜面和浮雕"菜单命令，将边框立体化。其中参数：样式为内斜面、方式为平滑、深度为 100%、方向为上、大小为 5 像素、软化为 3 像素、角度为 120 度、高光模式为滤色、高光不透明度为 100%，其余参数取默认值，效果如图 3-2-8 所示。

图 3-2-7          图 3-2-8

（8）单击"图层"→"拼合图像"菜单命令，将所有图层合并。

（9）单击"移动工具"，拖动风景图像到底图中。

（10）单击"编辑"→"自由变换"菜单命令，对风景图像进行缩放。

（11）重复执行步骤（2）～（10），将所有风景图像嵌入到底图中，效果如图 3-2-9 所示。

### 3．制作光盘

（1）在"图层"调板上单击"创建新图层"按钮，建立一个新图层。

（2）单击"矩形选框工具"，按下"Shift"键，在图层上拖出一个正方形。

（3）单击"渐变工具"，设置渐变方式为线性渐变，渐变颜色为色谱。

（4）在矩形框内从左到右画一条直线，将矩形框内填充为渐变色，制作出一个彩色方块。

（5）单击"滤镜"→"扭曲"→"极坐标"菜单命令，将渐层方式转换为放射形式。其中参数：平面坐标到极坐标。

（6）按下"Ctrl+D"组合键取消选择。

（7）单击"椭圆选框工具"，按下"Shift"键，在彩色方块内圈取一个圆。

（8）按下"Alt"键，在彩色方块中心位置圈取一个小圆。

（9）单击"选择"→"反向"菜单命令，选取圆环以外的区域。

（10）按下"Delete"键，删除圆环以外的区域。

（11）单击"图层"→"图层样式"→"投影"菜单命令，使光盘产生一点厚度感。其中参数：混合模式为正片叠底、不透明度为75%、角度为120度、距离为3像素、扩展为0%、大小为3像素，其余参数取默认值。

（12）单击"图像"→"调整"→"亮度/对比度"菜单命令，将光盘调暗。其中参数：亮度为-34、对比度为-2，效果如图3-2-10所示。

（13）单击"移动工具"，然后按下"Alt键"，拖动光盘，完成光盘的复制操作，如图3-2-10所示。

图3-2-9                              图3-2-10

#### 4. 制作多角星

（1）在"图层"调板上单击"创建新图层"按钮，建立一个新图层。

（2）单击"矩形选框工具"，在图层上拖出一个矩形框。

（3）单击"滤镜"→"Eye Candy 3.0"（甜蜜眼神）→"Star"（星光）菜单命令，制作一个多角星，其中参数： Number of Sides（尖端数目）为12、Indentation（凹进距离）为29、Scale（缩放）为100、X–shift（X偏移）为0、Y-shift（Y偏移）为0、Opacity（不透明度）为100%、Orientation（角度）为0、Inner Color（内侧颜色）为蓝色、Outer Color（外侧颜色）为蓝色。

（4）单击"编辑"→"自由变换"菜单命令，将多角星垂直缩小并移动到适当位置。

（5）单击"图层"→"图层样式"→"斜面和浮雕"菜单命令，将多角星立体化。其中参数：样式为内斜面、方式为平滑、深度为100%、方向为上、大小为3像素、软化为3像素、角度为120度、高光模式为滤色、高光不透明度为90%，其余参数取默认值。多角星的效果如图3-2-11所示。

#### 5. 制作文字

（1）单击"横排文字工具" **T**，弹出文字工具选项栏；设置文字的字体为舒体、大小为24点、颜色为白色；在图像上文字出现的位置单击鼠标左键，然后输入"奇景"；单击"提交所有当前编辑" ✓，完成文字的输入。

（2）按下 Ctrl 键，在"图层"调板上单击多角星图层，将文字图层与多角星图层同时选中并单击"链接"按钮 ⊡ 将其链接。

（3）单击"编辑"→"自由变换"菜单命令，将链接图层进行旋转，效果如图 3-2-11 所示。

图 3-2-11

（4）重复执行步骤（1），制作文字"勇于创新领先一步"、"山水天空树木"、"只要拥有多方面图库素材，就能设计出优秀的广告作品"。

至此世界风光摄影图库封面案例制作完毕，效果如图 3-2-1 所示。

## 3.3 锋芒科普研究网站主页

### 3.3.1 案例分析

这是锋芒科普研究网站的主页，如图 3-3-1 所示。地球、星球、太空站、火红的宇宙，代表天文地理及科学前沿的探索；吮指儿童，代表人类的健康与生存；绿枝上的青蛙，代表万物生灵；插图与网站内容相吻合，充分展示了网站的主题。网页标题出现在黄、蓝、红、绿、紫色图案上，只要单击相应的网页标题，就能进入到该网页进行浏览。网页标题、主页标题环绕插图排列，相映成趣。在底图上将淡黄色区域与黄色区域合理划分，并将插图描上黄色边框，产生了别具一格的效果。通过水平翻转命令，将底图下部区域的颜色调换，使网站联系方式自成一章。整个主页布局合理，生动活泼。

图 3-3-1

## 3.3.2 制作方法

### 1. 制作网页插图

（1）单击"文件"→"打开"菜单命令，打开一幅太空图像，如图 3-3-2 所示。其文件名为 c8。

（2）单击"椭圆选框工具" ，按下"Shift"键，画出一个圆框。

（3）单击"选择"→"反向"菜单命令，将选区反选。

（4）按下"Delete"键，删除选区内的图像，制作出一个圆形太空图，效果如图 3-3-3 所示。

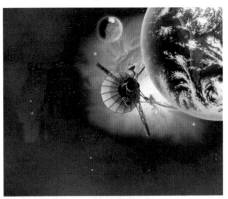

图 3-3-2

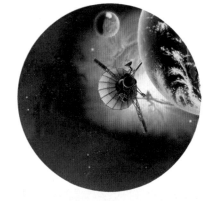

图 3-3-3

（5）单击"文件"→"打开"菜单命令，打开一幅儿童图像，如图 3-3-4 所示，其文件名为 c9。

（6）单击"移动工具" ，拖动儿童到太空图像中。

（7）单击"编辑"→"自由变换"菜单命令，对儿童图像进行缩放、移动。

（8）单击"多边形套索工具" ，设置羽化为 5 像素。拖动鼠标将儿童选取。

（9）单击"选择"→"反向"菜单命令，将选区反选。

（10）按下"Delete"键，删除选区内的图像。

（11）单击"椭圆选框工具" ，设置羽化为 20 像素。在儿童图像上画一个椭圆框。

（12）单击"选择"→"反向"菜单命令，将选区反选。

（13）按下"Delete"键，删除选区内的图像，儿童图像十分自然地融合在太空图像中，效果如图 3-3-5 所示。

图 3-3-4

图 3-3-5

（14）单击"文件"→"打开"菜单命令，打开一幅青蛙图像，如图 3-3-6 所示，其文件名为 c10。

（15）单击"魔棒工具" ，单击黑色区域，然后单击"选择"→"反向"菜单命令，将青蛙选取。

（16）单击"移动工具" ，拖动青蛙到太空图像中。并单击"编辑"→"自由变换"菜单命令，调整青蛙图像的大小和位置。

（17）单击"椭圆选框工具" ，设置羽化为 20 像素。在青蛙图像上画一个椭圆框，将绿杆的一部分画在椭圆框外。

（18）单击"选择"→"反向"菜单命令，将绿杆的一部分选取。

（19）按下"Delete"键，删除选区内的绿杆图像，完成网页插图的制作，效果如图 3-3-7 所示。

（20）单击"图层"→"拼合图像"菜单命令，将所有的图层合并为一个图层。

图 3-3-6

图 3-3-7

## 2．制作底图、嵌入网页插图

（1）单击"文件"→"新建"菜单命令，建立一个新图像。其中参数：宽度为 1024 像素、高度为 768 像素、分辨率为 72、颜色模式为 RGB、背景内容为白色。

（2）设置前景色为浅黄，背景色为浅黄橙。

（3）单击"矩形选框工具"□，画一个矩形框，大小为整个图像的一半。

（4）按下"Alt+Delete"组合键，用前景色填充选区。

（5）单击"选择"→"反向"菜单命令，选取另一半图像。

（6）按下"Ctrl+Delete"组合键，用背景色填充选区，效果如图 3-3-8 所示。

（7）按下"Ctrl+D"组合键，取消选区。

（8）单击"魔棒工具"，在网页插图中单击白色，以选中白色背景。

（9）单击"选择"→"反向"菜单命令，选取网页插图。

（10）单击"移动工具"▶⊕，拖动网页插图到底图上，并单击"编辑"→"自由变换"菜单命令，调整插图的大小和位置，如图 3-3-8 所示。

（11）单击"切换前景色和背景色"工具↰，将前景色设置为浅黄橙。

（12）单击"编辑"→"描边"菜单命令，给插图加上黄边。其中参数：宽度为 10 像素、位置为居外、不透明度为 100%、模式为正常，效果如图 3-3-8 所示。

图 3-3-8

### 3. 制作网页标题

（1）在"图层"调板上单击"创建新图层"按钮◰，建立一个新图层。

（2）设置前景色为蜡笔紫。

（3）单击"矩形选框工具"□，画一个矩形框。

（4）按下"Alt+Delete"组合键，用前景色填充选区，然后按下"Ctrl+D"组合键，取消选区。

（5）单击"直线工具"＼，设置绘图方式为"填充像素"、粗细为 2 像素，然后画三条直线，效果如图 3-3-9 所示。

（6）单击"椭圆选框工具"○，按下"Shift"键，画一个圆。

（7）按下"Alt+Delete"组合键，用前景色填充选区。

（8）单击"选择"→"修改"→"收缩"菜单命令，将选区缩小。其中参数：收缩量为 3 像素。

（9）按下"Delete"键，删除选区内的图像，效果如图 3-3-10 所示。

图 3-3-9                    图 3-3-10

（10）按下"Ctrl+D"组合键，清除选区。

（11）单击"移动工具" ，按下"Alt"键，将图案复制。

（12）按下"Ctrl"键，在"图层"调板上单击复制图层缩览图，将图案选取。

（13）设置前景色为纯绿。

（14）按下"Alt+Delete"组合键，用前景色填充选区。

（15）按下"Ctrl+D"组合键，清除选区。

（16）重复执行步骤（11）～（15），将图案复制成纯红橙、纯蓝紫、纯黄橙，效果如图
3-3-11 所示。

（17）单击"横排文字工具" T，弹出文字工具选项栏；设置文字的字体为黑体、大小为
26 点、颜色为黑色；在图像上文字出现的位置单击鼠标左键，然后分别输入"中心简介"、"成
员简介"、"母与子"、"科普创作与研究"、"新世纪科普大全"，单击"提交所有当前编辑" ，
完成网页标题的制作，效果如图 3-3-11 所示。

图 3-3-11

### 4．制作主页标题

（1）单击"横排文字工具" T，弹出文字工具选项栏；设置文字的字体为黑体、大小为
36 点、颜色为黑色、水平缩放为 74%；在图像上文字出现的位置单击鼠标左键，然后输入"锋
芒科普研究 WWW.SPEARHEAD-KEPU.COM"。

（2）在文字工具选项栏上单击"创建文字变形"按钮 ，弹出"变形文字"对话框，在
该对话框中对文本的整体外形进行设置，其中参数：样式为扇形、弯曲为 90%、选择"水平"
单选钮，其余参数取默认值。

（3）单击"编辑"→"变换"→"旋转 90 度（顺时针）"菜单命令，将扇形文字顺时针
旋转 90 度，效果如图 3-3-12 所示。

### 5．制作网站联系方式

（1）在"图层"调板上，将底图图层作为当前图层。

图 3-3-12

（2）单击"矩形选框工具"□，在最下面画一个矩形框。

（3）单击"编辑"→"变换"→"水平翻转"菜单命令，将选区内的图像水平翻转，效果如图 3-3-1 所示。

（4）单击"横排文字工具"**T**，弹出文字工具选项栏；设置文字的字体为宋体、大小为 26 点、颜色为黑色，并恢复水平缩放为 100%；在图像上文字出现的位置单击鼠标左键，然后输入联系方式；单击"提交所有当前编辑"✓，完成文字的输入。

至此锋芒科普研究网站主页案例制作完毕，效果如图 3-3-1 所示。

## 3.4 专题讲座招贴画

### 3.4.1 案例分析

这是一幅专题讲座招贴画，如图 3-4-1 所示。利用纹理化滤镜制作出砂岩效果的底图；利用风景图片和填充区域制作出挂历纸；利用橡皮擦和路径制作出一串圆孔；利用椭圆选框、填充功能、收缩命令、清除功能、内部倾斜滤镜和复制功能制作出效果逼真的挂环；利用文字框和蒙版功能制作出图片字；利用投影功能给图片或文字加上投影。整个招贴画创意新颖，风格独特，充分表达了普及群众健康知识、提高群众健康水平的宗旨。

图 3-4-1

### 3.4.2 制作方法

**1．制作底图**

（1）设置背景色为蜡笔绿青。

（2）单击"文件"→"新建"菜单命令，建立一幅新图像。其中参数：宽度为 992 像素、高度为 567 像素、分辨率为 72、颜色模式为 RGB、背景内容为背景色。

（3）单击"滤镜"→"纹理"→"纹理化"菜单命令，制作一幅纹理。其中参数：纹理为砂岩、缩放为 95%、凸现为 6、光照为右上，效果如图 3-4-2 所示。

**2．制作挂历纸**

（1）单击"文件"→"打开"菜单命令，打开一幅风景图像，如图 3-4-3 所示，其文件名为 c11。

图 3-4-2

图 3-4-3

（2）单击"移动工具" ▶+，拖动风景图像到底图中。

（3）单击"编辑"→"自由变换"菜单命令，将风景图像缩小，并移动至适当位置。

（4）按下"Ctrl"键，在"图层"调板上单击风景图像所在图层的缩览图，将风景图像全部选取。

（5）单击"矩形选框工具" []，拖动风景图像选框至风景图像的下方。

（6）设置前景色为白色。按下"Alt+Delete"组合键，将选框内填充为白色。

（7）按下"Ctrl+D"组合键，清除选框，此时图像的效果如图 3-4-4 所示。

**3．制作挂历上的圆孔**

（1）单击"钢笔工具" ▲，在选项栏中选择"路径"选项，在挂历纸上部画一条路径。

（2）单击"橡皮擦工具" ▱，在橡皮擦工具选项栏上，设置：模式为画笔、画笔为尖角 19 像素；打开"画笔"调板，单击"画笔笔尖形状"，然后设置：间距为 159%，其余参数取默认值。

（3）在"路径"调板上单击▾≡，选择"描边路径"菜单命令，对路径进行描边处理。其中参数：工具为橡皮。

（4）在"路径"调板上单击▾≡，选择"删除路径"菜单命令，将路径删除。此时图像的效果如图 3-4-5 所示。

（5）单击"图层"→"图层样式"→"投影"菜单命令，制作挂历的投影。其中参数：混合模式为正片叠底、不透明度为 75%、角度为 120 度、距离为 5 像素、扩展为 0%、大小为 5 像素，其余参数取默认值，效果如图 3-4-6 所示。

图 3-4-4 图 3-4-5

### 4．制作挂环

（1）在"图层"调板上单击"创建新图层"按钮 ，建立一个新图层。

（2）设置前景色：R 为 133、G 为 140、B 为 117。

（3）单击"椭圆选框工具" ，画一个椭圆选框。

（4）按下"Alt+Delete"组合键，用前景色填充选框，如图 3-4-7 所示。

（5）单击"选择"→"修改"→"收缩"菜单命令，将椭圆选框缩小。其中参数：收缩量为 6 像素。

（6）按下"Delete"键，将选框内的图像删除，生成一个圆环。

（7）按下"Ctrl+D"组合键，清除选框。此时圆环的效果如图 3-4-8 所示。

（8）单击"滤镜"→"Eye Candy 3.0"（甜蜜眼神）→"Inner Bevel"（内部倾斜）菜单命令，对圆环进行立体处理。其中参数：Bevel Width（斜面宽度）为 3、Bevel Shape（斜面形状）为 Button、Smoothness（光滑度）为 4、Shadow Depth（阴影深度）为 75、Highlight Brightness（高光区亮度）为 44、Highlight Sharpness（高光区清晰度）为 73、Direction（方向）为 135、Inclination（倾角）为 45。此时圆环的效果如图 3-4-9 所示。

图 3-4-6 图 3-4-7 图 3-4-8 图 3-4-9

（9）单击"移动工具" ，将圆环移动到第一个圆孔上。

（10）单击"橡皮擦工具" ，将一部分圆环擦掉，产生圆环挂在挂历上的效果。

（11）单击"移动工具" ，按下"Alt"键，拖动圆环将其拷贝到各个圆孔上，效果如图 3-4-10 所示。

### 5．制作挂历上的文字

（1）单击"横排文字工具" T，弹出文字工具选项栏；设置字体为黑体，大小为 72 点，颜色为蜡笔绿青，仿粗体，水平缩放为 80%，字距为-100；输入"9 月 2～8 日"，单击"提交所有当前编辑" ，完成文字的输入。

图 3-4-10

（2）单击"图层"→"图层样式"→"投影"菜单命令，给文字加上阴影，其中参数取默认值，如图 3-4-11 所示。

（3）单击"横排文字工具"**T**，弹出文字工具选项栏；设置字体为黑体，大小为 30 点，颜色为黑色；输入敬告内容，单击"提交所有当前编辑"✔，完成文字的输入。

（4）在"图层"调板上单击"创建新图层"按钮⅃，建立一个新图层。

（5）设置前景色为黑色。

（6）单击"铅笔工具"✐，在铅笔工具选项栏上，设置：画笔为尖角 3 像素。按下"Shift"键，在每行敬告文字下面画一条直线。此时图像的效果如图 3-4-11 所示。

图 3-4-11

### 6. 制作图片文字

（1）单击"文件"→"打开"菜单命令，打开一幅图片，如图 3-4-12 所示，其文件名为 c12。

图 3-4-12

（2）单击"选择"→"全部"菜单命令，将图片全部选取。

（3）单击"编辑"→"拷贝"菜单命令，将图片复制到剪贴板上。

（4）回到正在制作的图像中，在"图层"调板上单击"创建新图层"按钮，建立一个新图层。

（5）单击"横排文字蒙版工具"，弹出文字工具选项栏；设置字体为黑体、大小为 75 点、居中文本、水平缩放为 100%、行距为 80 点；输入"专题讲座"，按"Enter"键，接着输入"整合疗法治乙肝"，单击"提交所有当前编辑"，完成文字框的输入。

（6）单击"编辑"→"贴入"菜单命令，将剪贴板上的图像粘贴到文字框内。单击"移动工具"，移动文字框内的图片至满意的显示效果，如图 3-4-13 所示。

（7）单击"图层"→"图层蒙版"→"应用"菜单命令，将图层蒙版移走。

（8）单击"图层"→"图层样式"→"外发光"菜单命令，制作文字的发光效果。其中参数：混合模式为滤色、不透明度为 100%、杂色为 0%、发光颜色为白色、方法为柔和、扩展为 55%、大小为 10 像素，其余参数取默认值，效果如图 3-4-13 所示。

图 3-4-13

### 7．制作主讲内容和注意事项

（1）在"图层"调板上单击"创建新图层"按钮，建立一个新图层。

（2）设置前景色为深黑暖褐。

（3）单击"椭圆选框工具"，画一个椭圆。

（4）按下"Alt+Delete"组合键，将椭圆填充前景色。

（5）单击"直排文字工具"，弹出文字工具选项栏；设置字体为黑体，大小为 20 点，行距为 24 点，字间距为 75，颜色为白色；输入"主讲内容"，单击"提交所有当前编辑"，完成文字的输入。

（6）设置字体为黑体，大小为 20 点，行距为 38 点，水平缩放为 80%，颜色为黑色；输入主讲的具体内容，单击"提交所有当前编辑"，完成文字的输入。

（7）重复上述步骤，制作注意事项。不同之处为 6 条注意事项的文字大小为 16 点、行距为 24 点。此时的效果如图 3-4-14 所示。

### 8．制作领取入场券的地点

（1）设置前景色为蜡笔青蓝。

（2）单击"圆角矩形工具"，设置半径为 10 像素，画一个圆角矩形。

（3）单击"图层"→"栅格化"→"形状"菜单命令，将形状图层转变为普通图层。

图 3-4-14

（4）单击"图层"→"图层样式"→"投影"菜单命令，制作文字的投影。其中参数：混合模式为正片叠底、不透明度为 75%、角度为 120 度、距离为 3 像素、扩展为 0%、大小为 3 像素。

（5）单击"横排文字工具"**T**，弹出文字工具选项栏；设置字体为黑体，大小为 20 点，颜色为白色；输入"请到以下地点领取劳动人民文化宫入场券"；设置颜色为黑色，输入地点，单击"提交所有当前编辑" ✓ 。

至此专题讲座招贴画案例制作完毕，效果如图 3-4-1 所示。

## 3.5　幼儿用药手册封面

### 3.5.1　案例分析

这是一幅幼儿用药手册封面，如图 3-5-1 所示。利用渐变工具制作出中间白绿相间的底图。利用椭圆选框工具和渐变工具画出一个灰白相间的椭圆，利用移动工具复制出多个椭圆，再通过亮度/对比度命令，将顶面调亮，产生立体药片的效果。在药片上嵌入幼儿和小动物，突出了幼儿顽皮、活泼的特点。利用变形文字，制作出两款方向相反的鱼形字。利用文字框、渐变工具和图层样式制作出彩色立体字。整个封面构思新颖，幼儿、药片形象逼真地突出了手册主题。

图 3-5-1

### 3.5.2　制作方法

**1．制作底图**

（1）单击"文件"→"新建"菜单命令，建立一幅新图像。其中参数：宽度为 363 像素、高度为 504 像素、分辨率为 100 像素/英寸、颜色模式为 RGB、背景内容为背景色。

（2）设置前景色为白色，背景色为深黑绿。

（3）单击"渐变工具"▇，设置渐变方式为对称渐变▇，渐变颜色为前景到背景渐变。然后按住 Shift 键在底图上由中央向上画一条直线，将底图填充为渐变色，效果如图 3-5-2 所示。

**2．制作药片**

（1）在"图层"调板上单击"创建新图层"按钮▫，建立一个新图层。

（2）单击"椭圆选框工具"◯，画 1 个椭圆框。

（3）设置前景色为 15%灰，背景色为白色。

（4）单击"渐变工具"▇，设置渐变方式为对称渐变▇，渐变颜色为前景色到背景色渐变。然后按住 Shift 键在椭圆框内由圆心向右画一条直线，将选区内填充为渐变色，效果如图 3-5-3 所示。

图 3-5-2

图 3-5-3

（5）按下"Ctrl+D"组合键，清除选区。

（6）单击"移动工具"▸⊕，按下"Alt"键，再按 18 次方向上键。此时图像的效果如图 3-5-4 所示。

（7）单击"图像"→"调整"→"亮度/对比度"菜单命令，将顶面的椭圆图像加亮。其中参数：亮度为 22，对比度为 20。此时图像的效果如图 3-5-5 所示。

（8）在"图层"调板上，按住"Shift"键单击所有椭圆图，将其同时选中，然后单击▾☰，选择"合并图层"菜单命令，将所选的图层合并为一个图层。

**3．嵌入幼儿**

（1）单击"文件"→"打开"菜单命令，打开一幅图像，如图 3-5-6 所示，其文件名为 c13。

（2）单击"魔棒工具"✎，设置容差为 10，按下"Shift"键，依次单击白色底图。

（3）单击"选择"→"反向"菜单命令，将幼儿和动物选取。

图 3-5-4 图 3-5-5

（4）单击"移动工具"，拖动幼儿和动物到药片上。

（5）单击"编辑"→"自由变换"菜单命令，将幼儿和动物缩小。此时图像的效果如图 3-5-7 所示。

图 3-5-6

图 3-5-7

### 4．制作鱼形字

（1）单击"横排文字工具"T，弹出文字工具选项栏；设置字体为 Times new Roman，字形为 Bold，大小为 30 点，颜色为蜡笔黄绿，水平缩放为 50%，字间距为 200；输入"YOUERYONGYAOSHOUCE"，此时图像的效果如图 3-5-8 所示。

（2）单击"创建变形文字"，将文字变形。其中参数：样式为鱼形，弯曲为 60%，水平扭曲为 0，垂直扭曲为 0。

（3）在"图层"调板上，拖动文字图层至"创建新图层"按钮，生成文字副本。

（4）单击"创建变形文字"，将文字变形。其中参数：样式为鱼形，弯曲为-60%，水平扭曲为 0，垂直扭曲为 0。

（5）单击"移动工具"，将文字移到图形的下方，此时图像的效果如图 3-5-9 所示。

图 3-5-8                                    图 3-5-9

### 5．制作渐变字

（1）在"图层"调板上单击"创建新图层"按钮，建立一个新图层。

（2）单击"横排文字蒙版工具"，弹出文字工具选项栏；设置字体为理德综艺简，大小为 32 点，水平缩放为 100%，行距为 150 点；输入"幼儿用药手册"，单击"提交所有当前编辑"，完成文字框的输入。

（3）单击"渐变工具"，设置渐变方式为线性渐变，渐变颜色为黄色、紫色、橙色、蓝色渐变。然后在文字框上从左至右画一条直线，将文字框内填充为渐变色。

（4）按下"Ctrl+D"组合键，清除文字框。

（5）单击"图层"→"图层样式"→"斜面和浮雕"菜单命令，制作文字的立体效果。其中参数：样式为内斜面、方法为雕刻清晰、深度为 100%、方向为上、大小为 7 像素、软化为 0 像素、角度为 120 度，其余参数取默认值。此时图像的效果如图 3-5-10 所示。

图 3-5-10

### 6．制作文字

（1）单击"横排文字工具"，弹出文字工具选项栏；设置字体为宋体，大小为 20 点，颜色为黑色，字间距为 100，伪粗体；输入"主编　陈旭　等"，单击"提交所有当前编辑"，完成文字的输入。

（2）在"图层"调板上，单击"创建新图层"按钮，建立一个新图层。

（3）设置前景色为蜡笔黄绿。

（4）单击"椭圆选框工具"，画 1 个椭圆框。

（5）按下"Alt+Delete"组合键，将椭圆框内填充为前景色。

（6）按下"Ctrl+D"组合键，清除椭圆框。

（7）单击"横排文字工具"**T**，弹出文字工具选项栏；设置字体为宋体，大小为 16 点，颜色为黑色，水平缩放为 80%，字间距为 100，伪粗体；输入"清清医药出版社"，单击"提交所有当前编辑"，完成文字的输入。

至此幼儿用药手册封面案例制作完毕，效果如图 3-5-1 所示。

## 3.6　田园赏雪节广告

### 3.6.1　案例分析

这是一幅田园赏雪节的广告，如图 3-6-1 所示。红色的房子，遛哒的骏马，斜依在小河旁挂满银花的大树，这些田园景象融合在飞舞飘落的朵朵雪花中，迷迷蒙蒙，仿佛步入仙境。好一幅田园赏雪图，尽不住要身临其境，吟雪高歌。滑雪者的英姿代表了众多的雪中娱乐项目的惊险刺激，引人前往一试高低。特效文字"冰雪梨花"与整个画面谐调统一，雪中奇景尽在不言中。

图 3-6-1

### 3.6.2　制作方法

#### 1．制作底图

（1）单击"文件"→"打开"菜单命令，打开一幅落满雪花的大树图像，如图 3-6-2 所示，其文件名为 c14。

（2）单击"文件"→"打开"菜单命令，打开一幅雪地上的红房子图像，如图3-6-3所示，其文件名为c15。

图3-6-2

图3-6-3

（3）单击"移动工具" ▶⊕，拖动红房子至大树图像上。

（4）单击"多边形套索工具" ☑，设置羽化为25像素。将红房子及周围的雪地选取。

（5）单击"选择"→"反向"菜单命令，选取雪地和红房子周围的区域。

（6）按下"Delete"键，将选区删除。

（7）按下"Ctrl+D"组合键，清除选取框，完成底图的制作，如图3-6-4所示。

**2．嵌入滑雪者**

（1）单击"文件"→"打开"菜单命令，打开一幅滑雪图像，如图3-6-5所示，其文件名为c16。

图3-6-4

图3-6-5

（2）单击"移动工具" ▶⊕，拖动滑雪图像至底图。

（3）在"图层"调板上，设置不透明度为70%。

（4）单击"多边形套索工具" ☑，设置羽化为40像素。沿着红房子选取滑雪图像。

（5）单击"选择"→"反向"菜单命令，将选取区域反选。

（6）按下"Delete"键，删除选区内的图像。

（7）为了使滑雪图像更好地融于背景中，可多按几次"Delete"键，本例中按下五次"Delete"键，效果如图 3-6-6 所示。

（8）按下"Ctrl+D"组合键，清除选取框。

### 3. 制作雪花

（1）在"图层"调板上单击"创建新图层"按钮，建立一个新图层。

（2）设置前景色为白色。

（3）按下"Alt+Delete"组合键，用白色填充新图层。

（4）单击"滤镜"→"像素化"→"点状化"菜单命令，在图像中加入杂色杂点。其中参数：单元格大小为 6，效果如图 3-6-7 所示。

图 3-6-6 　　　　　　　　　　　　　　　 图 3-6-7

（5）单击"图像"→"调整"→"阈值"菜单命令，将杂点转化为黑白双色调。其中参数：阈值色阶为 255，效果如图 3-6-8 所示。

（6）在"图层"调板上，设置图层的混合模式为滤色，则图层中白色部分在背景图像的衬托下显示出来，如图 3-6-9 所示。

图 3-6-8 　　　　　　　　　　　　　　　 图 3-6-9

（7）单击"滤镜"→"模糊"→"动感模糊"菜单命令，制作风吹雪花的效果。其中参数：角度为 60、距离为 8，效果如图 3-6-10 所示。

### 4．制作文字

（1）单击"吸管工具" ，在图像的天空位置单击，设置前景色为天蓝色。

（2）单击"横排文字工具" **T**，弹出文字工具选项栏；设置文字的字体为琥珀简体、大小为 110 点、字间距为 100、颜色为前景色；在图像上文字出现的位置单击鼠标左键，然后输入"冰雪梨花"；单击"提交所有当前编辑" ✓，完成文字的输入。

（3）单击"图层"→"栅格化"→"文字"菜单命令，将文本图层转换为普通图层。

（4）单击"编辑"→"描边"菜单命令，对文字描边。其中参数：宽度为 4 像素、颜色为白色、位置为内部、不透明度为 100%、模式为正常，效果如图 3-6-11 所示。

图 3-6-10

图 3-6-11

（5）单击"滤镜"→"像素化"→"点状化"菜单命令，对文字进行点化处理。其中参数：单元格大小为 5，效果如图 3-6-12 所示。

（6）单击"编辑"→"变换"→"旋转 90 度（顺时针）"菜单命令，将文字顺时针旋转 90 度。

（7）单击"滤镜"→"风格化"→"风"菜单命令，对文字进行风吹处理。其中参数：方法为风、方向为从右，效果如图 3-6-13 所示。

图 3-6-12

图 3-6-13

（8）单击"编辑"→"变换"→"旋转 90 度（逆时针）"菜单命令，将文字逆时针旋转

90 度。

（9）单击"图层"→"图层样式"→"斜面和浮雕"菜单命令，将文字立体化。其中参数：样式为外斜面、方式为平滑、深度为 100%、方向为上、大小为 15 像素、软化为 5 像素、角度为 60 度、高光不透明度为 100%、阴影不透明度为 60%，其余参数取默认值，效果如图 3-6-14 所示。

图 3-6-14

（10）单击"图像"→"调整"→"亮度/对比度"菜单命令，对文字的亮度进行调整，其中参数：亮度为 16、对比度为-7。

（11）单击"吸管工具" ，在图像的天空位置单击，设置前景色为天蓝色。

（12）单击"横排文字工具" T，弹出文字工具选项栏；设置文字的字体为粗圆简体、大小为 36 点、颜色为前景色；在图像上文字出现的位置单击鼠标左键，然后输入"第二届田园赏雪节"；重新设置文字的大小为 30 点，然后输入"滑雪 吟雪比赛 冰灯展"。单击"提交所有当前编辑" ，完成文字的输入。

（13）单击"图层"→"栅格化"→"文字"菜单命令，将文本图层转换为普通图层。

（14）单击"滤镜"→"Eye Candy 3.0"（甜蜜眼神）→"Glow"（光晕）菜单命令，制作文字的晕光效果。其中参数：Width（光晕宽度）为 6、Opacity（不透明度）为 100%、Opacity Dropoff（光晕形式）为 Fat、Color（光晕颜色）为白色。

至此田园赏雪节广告案例制作完毕，效果如图 3-6-1 所示。

## 3.7 广告公司广告

### 3.7.1 案例分析

这是一幅广告公司的广告，如图 3-7-1 所示。在网格视图的帮助下，画出小方格；利用定义图案和填充功能，制作出棋盘。通过在椭圆工具选项栏上选择图层样式，画出美丽的艺术棋子。利用图层样式功能制作出具有斜面和浮雕、渐变叠加与描边效果一体的文字。利用渐变工具，制作出径向渐变的文字。利用虚化投影滤镜，给文字加上投影。整个广告布局独特，突出了"完美结局源于华文广告"的主题。

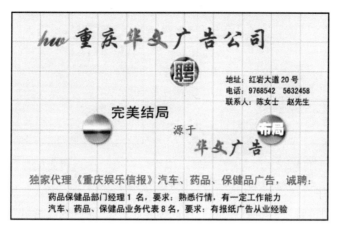

图 3-7-1

## 3.7.2 制作方法

### 1. 制作棋盘

（1）单击"文件"→"新建"菜单命令，建立一幅新图像。其中参数：宽度为 815 像素、高度为 519 像素、分辨率为 100 像素/英寸、背景内容为白色。

（2）单击"视图"→"显示"→"网格"菜单命令，在画布上显示网格线，如图 3-7-2 所示。

（3）单击"矩形选框工具"，画一个矩形选框，宽和高分别为 3 个网格。

（4）设置前景色为蜡笔青豆绿。

（5）按下"Alt+Delete"组合键，将选框内填充为前景色，效果如图 3-7-2 所示。

（6）单击"视图"→"显示"→"网格"菜单命令，在画布上隐藏网格线。

（7）单击"编辑"→"描边"菜单命令，对选框进行描边处理。其中参数：宽度为 1 像素、颜色为黑色、位置为内部、模式为正常、不透明度为 30%。

（8）单击"编辑"→"定义图案"菜单命令，将选框内的图像定义为 Photoshop 内部图案。其中名称为图案 1。

（9）按下"Delete"键，清除选框内的图像。

（10）按下"Ctrl+D"组合键，清除选框。

（11）单击"编辑"→"填充"菜单命令，对图层进行填充。其中参数：使用为图案、自定图案为图案 1、模式为正常、不透明度为 70%。

（12）单击"图像"→"画布大小"菜单命令，将画布的宽度和高度增加 2 像素。

（13）单击"选择"→"全部"菜单命令，将图层全部选择。

（14）单击"编辑"→"描边"菜单命令，对图层进行描边处理。其中参数：宽度为 3 像素、颜色为黑色、位置为内部、模式为正常、不透明度为 100%。

（15）按下"Ctrl+D"组合键，清除选框。此时图像的效果如图 3-7-3 所示。

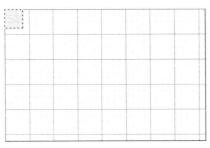

图 3-7-2　　　　　　　　　　　图 3-7-3

**2．制作艺术棋子**

（1）单击"椭圆工具" ⬭，在椭圆工具选项栏上，设置"图层样式"为铬金光铎。按下"Shift"键，画一个圆，生成一个铬金光铎图案的棋子。

（2）单击"图层"→"栅格化"→"形状"菜单命令，将形状图层转变为普通图层。

（3）按下"Shift"键，画一个圆，再生成一个铬金光铎图案的棋子。

（4）单击"图层"→"栅格化"→"形状"菜单命令，将形状图层转变为普通图层。

（5）在椭圆工具选项栏上，设置"图层样式"为星云。按下"Shift"键，画一个圆，生成一个星云图案的棋子。

（6）单击"图层"→"栅格化"→"形状"菜单命令，将形状图层转变为普通图层。此时图像的效果如图 3-7-4 所示。

（7）单击"横排文字工具" **T**，弹出文字工具选项栏；设置文字字体为理德综艺简，大小为 40 点、颜色为黑色；输入"聘"，单击"提交所有当前编辑" ✓，完成文字的输入。

（8）单击"图层"→"图层样式"→"斜面和浮雕"菜单命令，制作文字的立体效果。其中参数：样式为内斜面、方法为平滑、深度为 100%、方向为上、大小为 5 像素、软化为 0 像素、其余参数取默认值。

（9）单击"图层"→"图层样式"→"渐变叠加"菜单命令，将文字的颜色变成渐变色。其中参数：混合模式为正常、不透明度为 100%、渐变为红绿渐变、样式为线性、角度为 90 度，缩放为 100%。

（10）单击"图层"→"图层样式"→"描边"菜单命令，给文字加上边框。其中参数：大小为 3 像素、位置为外部、混合模式为正常、不透明度为 100%、填充类型为颜色、颜色为白色。

（11）单击"横排文字工具" **T**，弹出文字工具选项栏；设置文字字体为理德特粗黑简，大小为 24 点、颜色为白色；输入"布局"，单击"提交所有当前编辑" ✓，完成文字的输入。

（12）单击"图层"→"图层样式"→"投影"菜单命令，制作文字的投影。其中参数：混合模式为正片叠底、不透明度为 75%、角度为 120 度、选中"使用全局光"复选框、距离为 5 像素、扩展为 0%、大小为 5 像素，其余参数取默认值。此时图像的效果如图 3-7-5 所示。

**3．制作公司名称**

（1）单击"横排文字工具" **T**，弹出文字工具选项栏；设置文字大小为 36 点、颜色为暗蓝紫、字体为 CommercialScri pt BT，输入"hw"；设置字体为华文行楷，输入"重庆华文广告公司"，单击"提交所有当前编辑" ✓，完成文字的输入。此时图像的效果如图 3-7-6 所示。

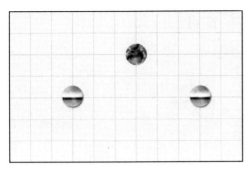

图 3-7-4                                          图 3-7-5

（2）在文字上单击鼠标右键，选择"栅格化文字"菜单命令，将文字图层转变为普通图层。

（3）单击"魔棒工具" ✎，按住"Shift"键，将字体"华文"选取。

（4）单击"渐变工具" ▭，设置渐变颜色为紫橙渐变，渐变样式为径向渐变。在选取的文字中心向外拖动鼠标，将文字填充为渐变色。

（5）单击 "滤镜"→"Eye Candy 3.0"（甜蜜眼神）→"Drop Shadow"（虚化投影）菜单命令，给文字加上投影，其中参数：Direction（投影角度）为 60、Distance（投影长度）为 4、Blue（模糊程度）为 2、Opacity（不透明度）为 75、Color（投影颜色）为黑色。

（6）按下"Ctrl+D"组合键，清除文字框。

（7）重复步骤（3）～（6），将文字"hw"做同样处理。此时图像的效果如图 3-7-7 所示。

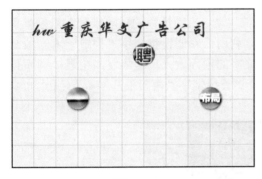

图 3-7-6

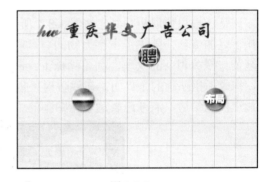

图 3-7-7

#### 4．制作广告文字

（1）单击"矩形选框工具" ▢，将"华文广告"选取。

（2）单击"移动工具" ▶⊕，按下"Alt"键，对选取的文字进行拖动复制。

（3）单击"横排文字工具" T，弹出文字工具选项栏；设置文字大小为 25 点、颜色为黑色、字体为黑体，输入"完美结局"，单击"提交所有当前编辑" ✓，完成文字的输入。

（4）设置文字大小为 22 点、颜色为红色、字体为楷体、仿粗体，输入"源于"，单击"提交所有当前编辑" ✓，完成文字的输入。此时图像的效果如图 3-7-8 所示。

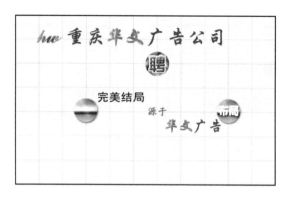

图 3-7-8

（5）设置文字大小为 15 点、颜色为黑色、字体为黑体，输入公司地址、电话、联系人，单击"提交所有当前编辑" ✓，完成文字的输入。

（6）设置文字大小为 20 点、颜色为红色、字体为黑体，输入"独家代理《重庆娱乐信报》汽车、药品、保健品广告，诚聘:"，单击"提交所有当前编辑" ✓，完成文字的输入。

（7）设置文字大小为 15 点、颜色为黑色、字体为黑体，输入诚聘的内容和要求，单击"提交所有当前编辑" ✓。

至此广告公司广告案例制作完毕，效果如图 3-7-1 所示。

## 3.8　根雕展招贴画

### 3.8.1　案例分析

这是一幅根雕展招贴画，如图 3-8-1 所示。气韵生动、机敏活泼的根雕雄狮在黑色背景的衬托下更加威猛，催生了主宰万物的尊严和霸气。利用云彩滤镜将文字"根雕艺术"填充上蜡笔黄与橙黄相杂的纹理，利用涂抹工具制作出文字的根须效果。根雕字与根雕雄狮相互辉映，构成了招贴画的主界面。在浅暖褐条幅上写上黑黄绿文字"南阳根艺展览"，并用光晕滤镜加上白色晕边，清晰地表达了招贴画的主题。

图 3-8-1

### 3.8.2　制作方法

**1．制作根雕字**

（1）设置背景色为黑色。

（2）单击"文件"→"新建"菜单命令，建立一幅新图像，其中参数：宽度为827像素、高度为748像素、分辨率为100像素/英寸、背景内容为背景色。

（3）在"图层"调板上，单击"创建新图层"按钮 ，建立一个新图层。

（4）单击"横排文字蒙版工具" ，弹出文字工具选项栏；设置文字的字体为行楷简体、大小为112点；在图像上单击鼠标左键，然后输入"根雕艺术"；单击"提交所有当前编辑" ，完成文字框的输入。

（5）设置前景色为蜡笔黄，背景色为纯橙黄。

（6）单击"滤镜"→"渲染"→"云彩"菜单命令，将文字框内填充为蜡笔黄与橙黄相间的纹理，效果如图3-8-2所示。

（7）按下"Ctrl+D"组合键，清除选区。

（8）单击"涂沫工具" ，设置强度为90%，根据根须的粗细，设置画笔的粗细；多次使用"涂抹工具" 在文字底部进行涂抹，形成根须效果，如图3-8-3所示。

图3-8-2　　　　　　　　　　　　　　　　　图3-8-3

（9）单击"滤镜"→"其他"→"最小值"菜单命令，将文字加粗。其中参数：半径为1像素，效果如图3-8-4所示。

（10）单击"滤镜"→"Eye Candy 3.0"（甜蜜眼神）→"Inner Bevel"（内部倾斜）菜单命令，对文字进行立体处理。其中参数：Bevel Width（斜面宽度）为3、Bevel Shape（斜面形状）为Button、Smoothness（光滑度）为5、Shadow Depth（阴影深度）为50、Highlight Brightness（高光区亮度）为80、Highlight Sharpness（高光区清晰度）为40、Direction（方向）为135、Inclination（倾角）为45，效果如图3-8-5所示。

图3-8-4　　　　　　　　　　　　　　　　　图3-8-5

**2．嵌入根雕**

（1）单击"文件"→"打开"菜单命令，打开一幅根雕图像，如图3-8-6所示，其文件名为c17。

（2）单击"魔棒工具" ✎，按住"Shift"键单击所有空白区域，然后单击"选择"→"反向"菜单命令，将根雕选取。

（3）单击"移动工具" ▶₊，拖动根雕到底图中。

（4）单击"编辑"→"自由变换"菜单命令，对根雕进行缩放，效果如图 3-8-7 所示。

图 3-8-6

图 3-8-7

### 3．制作文字

（1）设置前景色为浅暖褐。

（2）单击"矩形选框工具" ⬚，画一个矩形框。

（3）按下"Alt+Delete"组合键，将选区内填充为前景色，如图 3-8-8 所示。

图 3-8-8

（4）单击"直排文字工具" ⊺，弹出文字工具选项栏；设置文字的字体为琥珀简体、大小为 67 点、颜色为暗黄绿、字间距为 150；在图像上文字出现的位置单击鼠标左键，然后输入"南阳根艺展览"；单击"提交所有当前编辑" ✓，完成文字的输入。

（5）单击"图层"→"栅格化"→"文字"菜单命令，将文本图层转换为普通图层。

（6）单击"滤镜"→"Eye Candy 3.0"（甜蜜眼神）→"Glow"（光晕）菜单命令，制作

文字的晕光效果。其中参数：Width（光晕宽度）为 7、Opacity（不透明度）为 90%、Opacity Dropoff（光晕形式）为 Fat 、Color（光晕颜色）为白色。

至此根雕展览招贴画案例制作完毕，效果如图 3-8-1 所示。

## 3.9 魔镜探秘封面

### 3.9.1 案例分析

这是一幅书籍的封面，如图 3-9-1 所示。利用波浪滤镜，制作出弯曲的花边。利用卷页滤镜，制作出卷页效果。利用动感模糊滤镜，将魔眼进行模糊处理，增添了魔眼的神密感。利用水波滤镜，制作出水池波纹。利用渐变工具、极坐标滤镜、选框工具、删除功能和描边命令制作出形象逼真的光盘。书籍名称使用霹雳字，突出了魔镜的魔力。整个封面主题鲜明，将 Photoshop 滤镜鬼斧神工的魔力表现得淋漓尽致。

图 3-9-1

### 3.9.2 制作方法

#### 1．制作底图

（1）设置前景色为黑色、背景色为 RGB 红。

（2）单击"文件"→"新建"菜单命令，建立一幅新图像。其中参数：宽度为 519 像素、高度为 731 像素、分辨率为 72 像素/英寸、颜色模式为 RGB、背景内容为背景色。

（3）在"图层"调板上单击"创建新图层"按钮，建立一个新图层。

（4）单击"矩形选框工具"，画一个矩形框。

（5）按下"Alt+Delete"组合键，将选框内填充为前景色。

（6）按下"Ctrl+D"组合键，清除选框。此时图像的效果如图 3-9-2 所示。

（7）单击"滤镜"→"扭曲"→"波浪"菜单命令，制作花边。其中参数：生成器数量为 1、最小波长为 10、最大波长为 20、最小波幅为 10、最大波幅为 20、水平比例为 80%、垂直比例为100%、类型为正弦、未定义区域为重复边缘像素，其效果如图3-9-3所示。

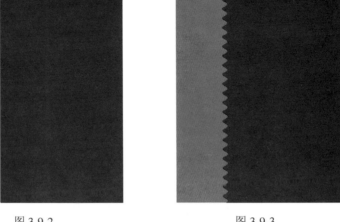

图 3-9-2　　　　　　　　　　　　　　　　　图 3-9-3

（8）在工具箱中单击"切换前景色和背景色"按钮，将背景色设置为红色。

（9）在"图层"调板中选中背景图层。

（10）单击"矩形选框工具" □，在图像的下半部画一个矩形框。

（11）单击"滤镜"→"KPT 3.0"→"KPT Page Curl 3.0"（卷边）菜单命令，制作一个卷边（右下角）。其中参数：Mode（应用模式）为 Use Background Color（使用背景色），Curl（混合模式）为 Normal（正常），Opocity（不透明度）为 100%。

（12）按下"Ctrl+D"组合键，清除选框。此时图像的效果如图3-9-4所示。

**2．嵌入魔眼**

（1）单击"文件"→"打开"菜单命令，打开一幅眼睛图像，如图3-9-5所示，其文件名为 c18。

图 3-9-4　　　　　　　　　　　　　　　　　图 3-9-5

（2）单击"移动工具" ，将眼睛图像拖动到底图上。

（3）单击"编辑"→"自由变换"菜单命令，将眼睛图像缩小。

（4）单击"椭圆选框工具" ，设置羽化为 20 像素，在眼睛上画一个椭圆框。

（5）单击"选择"→"反向"菜单命令，将选区反选。

（6）按下"Delete"键，将选区内的图像删除。此时图像的效果如图 3-9-6 所示。

（7）按下"Ctrl+D"组合键，清除选框。

（8）单击"滤镜"→"模糊"→"动感模糊"菜单命令，将眼睛图像进行模糊处理。其中参数：角度为 90 度，距离为 10 像素。此时图像的效果如图 3-9-7 所示。

图 3-9-6　　　　　　　　　　　　　　　　图 3-9-7

### 3. 制作水波

（1）在"图层"调板上单击"创建新图层"按钮 ，建立一个新图层。

（2）单击"椭圆选框工具" ，按下"Shift"键，画一个圆形。

（3）设置前景色为 RGB 红，背景色为黑。

（4）单击"渐变工具" ，设置渐变方式为径向渐变 ，渐变颜色为前景到背景渐变。在椭圆框内由圆心向外画一条直线，将椭圆框内填充为渐变色。此时图像的效果如图 3-9-8 所示。

（5）单击"滤镜"→"扭曲"→"水波"菜单命令，生成水波。其中参数：数量为 52、起伏为 10、样式为水池波纹。

（6）单击"编辑"→"自由变换"菜单命令，将圆压缩成椭圆。

（7）按下"Ctrl+D"组合键，清除选框。此时图像的效果如图 3-9-9 所示。

### 4. 制作光盘

（1）在"图层"调板上，单击"创建新图层"按钮 ，建立一个新图层。

（2）单击"矩形选框工具" ，按下"Shift"键，画一个正方形框。

（3）单击"渐变工具" ，设置渐变方式为线性渐变 ，渐变颜色为色谱渐变。在选框内从左至右画一条直线，将选框内填充为渐变色。此时图像的效果如图 3-9-10 所示。

（4）单击"滤镜"→"扭曲"→"极坐标"菜单命令，对选区进行极坐标处理。其中参数：平面坐标到极坐标。此时图像的效果如图 3-9-11 所示。

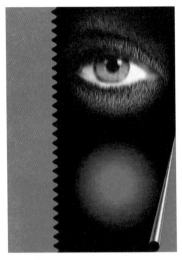

图 3-9-8　　　　　　　　　　　　　　　　图 3-9-9

图 3-9-10　　　　　　　　　　　　　　　图 3-9-11

（5）单击"椭圆选框工具" ，按下"Alt"键，画一个圆框。

（6）按下"Delete"键，清除选区内的图像。

（7）按下"Ctrl+D"组合键，清除选框。此时图像的效果如图 3-9-12 所示。

（8）单击"椭圆选框工具" ，画一个小同心圆。

（9）按下"Delete"键，清除选区内的图像。

（10）单击"编辑"→"描边"菜单命令，制作一个白边。其中参数：宽度为 10 像素、颜色为白色、位置为居内，其余参数取默认值。此时图像的效果如图 3-9-13 所示。

图 3-9-12　　　　　　　　　　　　　　　图 3-9-13

（11）单击"编辑"→"自由变换"菜单命令，将光盘缩小并旋转。此时图像的效果如图 3-9-14 所示。

**5．制作文字**

（1）单击"直排文字工具"↓**T**，弹出文字工具选项栏；设置字体为文鼎霹雳体，大小为80点，水平缩放为110%，字间距为100，颜色为白色；输入"魔镜探秘"，单击"提交所有当前编辑"✓，完成文字的输入。

（2）设置字体为黑体，大小为50点，行间距为40点，垂直缩放为80%，水平缩放为200%，颜色为白色；输入"PHOTOSHOP"；设置水平缩放为100%，输入"滤镜手册"，单击"提交所有当前编辑"✓，完成文字的输入。此时图像的效果如图3-9-15所示。

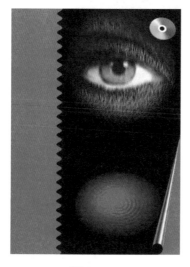 

图 3-9-14         图 3-9-15

（3）设置字体为理德综艺简，大小为30点，颜色为白色；输入"壮壮工作室　编著"，单击"提交所有当前编辑"✓，完成文字的输入。

（4）设置字体为理德综艺简，大小为40点，颜色为白色；输入"图像出版社"，单击"提交所有当前编辑"✓，完成文字的输入。

至此魔镜探秘封面案例制作完毕，效果如图3-9-1所示。

## 3.10　青年周刊招贴画

### 3.10.1　案例分析

这是一幅杂志招贴画，如图3-10-1所示。发光的灯泡象征着媒体，女青年象征着广大青年读者，一只红酥手放在眼睛旁，象征广大读者对杂志的专注。利用渐变工具、动感模糊滤镜、查找边缘滤镜和描边命令制作的发光字"媒体亮了别忘了读者"突出了整个招贴画的主题。五颜六色的电线象征杂志内容丰富多彩，可满足不同读者的需求。在白色椭圆上制作的红色文字"壹元刊"十分醒目，告诉读者该杂志物美价廉。整个招贴画创意独特，令人回味无穷。

图 3-10-1

## 3.10.2　制作方法

### 1．制作底图

（1）设置背景色为黑色。

（2）单击"文件"→"新建"菜单命令，建立一个新图像，其中参数：宽度为 24.99 厘米、高度为 18.01 厘米、分辨率为 100 像素/英寸、颜色模式为 RGB、背景内容为背景色。

（3）单击"文件"→"打开"菜单命令，打开一幅灯泡图像，如图 3-10-2 所示，其文件名为 c19。

（4）单击"魔棒工具"，设置其容差为 20，单击黑色背景。

（5）单击"选择"→"反向"菜单命令，将"灯泡"选取。

（6）单击"移动工具" ▶+，拖动灯泡到底图中。

（7）按下"Ctrl"键，在"图层"调板上单击"灯泡"缩览图，选择灯泡选区。

（8）单击"选择"→"存储选区"菜单命令，将灯泡选区存储为"灯泡"。

（9）按下"Ctrl+D"组合键，取消选区。

（10）单击"图层"→"图层样式"→"内发光"菜单命令，制作灯泡的内发光效果。其中参数：混合模式为滤色、颜色为黄色、不透明度为 100%、大小为 50、阻塞为 0%，其余参数取默认值。

（11）单击"滤镜"→"Eye Candy 3.0"（甜蜜眼神）→"Glow"（光晕）菜单命令，制作灯泡的外发光效果。其中参数：Width（光晕宽度）为 139、Opacity（不透明度）为 100%、Opacity Dropoff（光晕形式）为 Thin、Color（光晕颜色）为黄色，完成底图的制作，效果如图 3-10-3 所示。

图 3-10-2

图 3-10-3

**2. 嵌入人物**

（1）单击"文件"→"打开"菜单命令，打开一幅人物图像，如图3-10-4所示，其文件名为c20。

（2）单击"选择"→"全部"菜单命令，将图像选中。

（3）单击"移动工具" ，在人物图像上按住鼠标不放拖动到底图中。

（4）单击"编辑"→"自由变换"菜单命令，对人物图像进行缩放。

（5）单击"选择"→"载入选区"菜单命令，将"灯泡"选区调出。

（6）单击"选择"→"反向"菜单命令，将灯泡以外的图像选取。

（7）按下"Delete"键，清除灯泡以外的人物图像，如图3-10-5所示。

图3-10-4

图3-10-5

（8）在"图层"调板上，设置混合模式为变暗，效果如图3-10-6所示。

**3. 制作标题文字**

（1）单击"横排文字工具" **T**，弹出文字工具选项栏；设置文字的字体为美宋楷体、大小为36点、颜色为白色；在图像上文字出现的位置单击鼠标左键，然后输入"让更多人看到，北京青年周刊"；单击"提交所有当前编辑" ，完成文字的输入，如图3-10-7所示。

（2）重复执行步骤（1），输入红色文字"壹元刊"，其中参数：字体为书宋体，大小为38点，仿粗体，如图3-10-7所示。

（3）设置前景色为白色。

（4）单击"椭圆工具" ，在选项栏上，选择"形状图层" 。拖动鼠标画一个白色椭圆。

（5）在"图层"调板上，拖动形状图层到文字"壹元刊"图层下面。

（6）单击"图层"→"栅格化"→"形状"菜单命令，将形状图层转变为普通图层。

（7）单击"图层"→"图层样式"→"斜面和浮雕"菜单命令，将椭圆立体化。其中参数：样式为浮雕效果、方式为平滑、深度为100%、方向为上、大小为5像素、软化为5像素、角度为120度，其余参数取默认值，效果如图3-10-7所示。

图 3-10-6 图 3-10-7

**4．制作霓虹灯文字**

（1）在"图层"调板上，单击"创建新图层"按钮，建立一个新图层。

（2）单击"横排文字蒙版工具"，弹出文字工具选项栏；设置文字的字体为综艺简体、大小为 65 点、行间距为 80 点、仿粗体、居中对齐；在图像上单击鼠标左键，然后输入"媒体亮了别忘了读者"；单击"提交所有当前编辑"，完成文字框的输入。

（3）单击"渐变工具"，设置渐变方式为线性渐变，渐变颜色为色谱渐变。

（4）在文字框上从左上到右下画一条直线，将文字框内填充为渐变色，如图 3-10-8 所示。

（5）单击"滤镜"→"模糊"→"动感模糊"菜单命令，对文字进行模糊处理。其中参数：角度为 45、距离为 15，效果如图 3-10-9 所示。

图 3-10-8 图 3-10-9

（6）单击"滤镜"→"风格化"→"查找边缘"菜单命令，对文字进行发光处理，效果如图 3-10-10 所示。

（7）单击"编辑"→"描边"菜单命令，给文字加上白框。其中参数：宽度为 3 像素、颜色为白色、位置为内部、不透明度为 100%、模式为正常，效果如图 3-10-11 所示。

**5．制作普通文字**

（1）单击"横排文字工具"T，弹出文字工具选项栏；设置文字的字体为美黑简体、大小为 26 点、行距为 38 点、居中对齐、颜色为白色；在图像上文字出现的位置单击鼠标左键，然后输入"北京青年周刊媒体以读者为本"；单击"提交所有当前编辑"，完成文字的输入。

（2）单击"图层"→"栅格化"→"文字"菜单命令，将文本图层转换为普通图层。

（3）单击"直线工具"，选中"填充像素"选项，设置粗细为 3 像素。

图 3-10-10

图 3-10-11

（4）从左至右画一条白色直线，效果如图 3-10-12 所示。

图 3-10-12

### 6．制作彩线

（1）在"图层"调板上单击"创建新图层"按钮，建立一个新图层。

（2）单击"钢笔工具"，在图中画出一个曲线型的路径，再单击"转换点工具"，对路径进行修改和细致的调整，得到一条光滑完整的路径。

（3）单击"矩形选框工具"，按下"Shift"键，在图层上拖出一个正方形。

（4）单击"渐变工具"，设置渐变方式为线性渐变，渐变颜色为色谱渐变。

（5）在矩形框内从左到右画一条直线，将矩形框内填充为渐变色，制作出一个彩色方块，如图 3-10-13 所示。

（6）单击"滤镜"→"扭曲"→"极坐标"菜单命令，将渐层方式转换为放射形式。其中参数：平面坐标到极坐标，效果如图 3-10-14 所示。

（7）按下"Ctrl+D"组合键，清除正方形选取框。

（8）单击"椭圆选框工具"，按下"Shift"键，在彩色方块内圈取一个小圆框。

（9）单击"选择"→"反向"菜单命令，选取小圆框以外的区域。

（10）按下"Delete"键，删除小圆框以外的区域，效果如图 3-10-15 所示。

图 3-10-13     图 3-10-14     图 3-10-15

（11）按下"Ctrl+D"组合键，清除小圆选取框。

（12）单击"移动工具" ，将彩色小圆移动到路径的起始位置。

（13）单击"涂抹工具" ，设置强度为 100%，并选择一个柔角笔尖，其大小要比小圆框小一点。

（14）在"路径"调板上，单击 ，选择"描边路径"菜单命令，对路径进行描边处理，其中参数：工具为涂抹。

（15）在"路径"调板上，单击空白位置，关闭路径。

至此青年周刊招贴画案例制作完毕，效果如图 3-10-1 所示。

# 第4章 立体效果与浮雕效果实例

## 4.1 趣味科普封面

### 4.1.1 案例分析

这是一幅趣味科普封面，如图 4-1-1 所示。通过改变经纬线的混合模式，将经纬线与底图融化在一起。利用渐变工具、复制功能和自由变换命令制作出大大小小跳动的圆球。利用文字工具、扩展命令、魔棒工具，制作出色彩各异的文字。利用文字工具和自由变换命令，制作出大小不一、五彩缤纷的英文字母。整个封面生动活泼，突出了趣味、科普、英语的主题。

图 4-1-1

### 4.1.2 制作方法

**1．制作底图**

（1）单击"文件"→"新建"菜单命令，建立一幅新图像。其中参数：宽度为 504 像素、高度为 720 像素、分辨率为 72 像素/英寸、颜色模式为 RGB、背景内容为白色。

（2）设置前景色为白色，背景色为蜡笔蓝紫。

（3）单击"渐变工具" ▊，设置渐变方式为对称渐变 ▊，渐变颜色为前景到背景渐变。然后按住"Shift"键在底图上由中央向上画一条直线，将底图填充为渐变色，效果如图 4-1-2 所示。

### 2．制作经纬线

（1）单击"文件"→"打开"菜单命令，打开一幅经纬线图像，如图4-1-3所示，其文件名为d1。

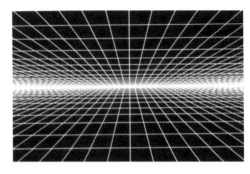

图 4-1-2　　　　　　　　　　　　　　　　图 4-1-3

（2）单击"移动工具" ，拖动经纬线图像至底图上。

（3）单击"编辑"→"自由变换"菜单命令，将经纬线充满整个底图。

（4）单击"矩形选框工具" ，将经纬线的上半部分选取。

（5）按下"Delete"键，将选框内的图像删除。

（6）按下"Ctrl+D"组合键，清除选框。此时图像的效果如图4-1-4所示。

（7）在"图层"调板上，设置混合模式为滤色，此时图像的效果如图4-1-5所示。

图 4-1-4　　　　　　　　　　　　　　　　图 4-1-5

### 3．制作球体

（1）在"图层"调板上单击"创建新图层"按钮 ，建立一个新图层。

（2）单击"椭圆选框工具" ，按下"Shift"键，画一个圆框。

（3）设置前景色为白色，背景色为黑色。

（4）单击"渐变工具" ▢，设置渐变方式为径向渐变 ▢，渐变颜色为前景到背景渐变。在圆框内由左上方向右下方画一条直线，将圆框内填充为渐变色，产生球体效果。

（5）按下"Ctrl+D"组合键，清除选框。此时图像的效果如图 4-1-6 所示。

（6）在"图层"调板上，拖动球体图层至"创建新图层"按钮 ▣ 上，将球体复制 3 个。

（7）单击"编辑"→"自由变换"菜单命令，将复制的球体分别进行变换，效果如图 4-1-7 所示。

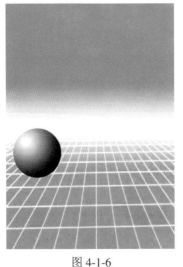

图 4-1-6                      图 4-1-7

#### 4．制作文字"趣味科普"

（1）单击"横排文字工具" T，弹出文字工具选项栏；设置字体为文鼎弹簧体，大小为 80 点，颜色为白色，字间距为 250；输入"趣味科普"，单击"提交所有当前编辑" ✓，完成文字的输入。

（2）在文字上，单击鼠标右键，选择"栅格化文字"菜单命令，将文字图层转变为普通图层。

（3）在"图层"调板上，拖动文字图层"趣味科普"至"创建新图层"按钮 ▣ 上，生成图层"趣味科普 副本"。

（4）设置当前图层为"趣味科普"。

（5）按下"Ctrl"键，然后在"图层"调板上，单击"趣味科普"图层缩览图，将该图层文字全部选取。

（6）单击"选择"→"修改"→"扩展"菜单命令，将选区扩展。扩展量为 8 像素。

（7）设置前景色为暗蓝紫。

（8）按下"Alt+Delete"组合键，将选区内填充为前景色。

（9）按下"Ctrl+D"组合键，清除选区。

（10）设置前景色为浅洋红。

（11）单击"魔棒工具" ✎，将"味"选取。

（12）按下"Alt+Delete"组合键，将选区内填充为前景色。

（13）设置前景色为纯黄绿。

（14）单击"魔棒工具" ✎，将"科"选取。

（15）按下"Alt+Delete"组合键，将选区内填充为前景色。

（16）设置前景色为纯洋红。

（17）单击"魔棒工具" ，将"普"选取。

（18）按下"Alt+Delete"组合键，将选区内填充为前景色。此时图像的效果如图4-1-8所示。

（19）在"图层"调板上，按下"Ctrl"键单击图层"趣味科普 副本"，将这两个文字图层同时选中，然后单击 ，选择"合并图层"菜单命令，将所选的图层合并为一个图层。

（20）单击"矩形选框工具" ，将"趣"选取。

（21）单击"编辑"→"变换"→"旋转"菜单命令，将"趣"旋转。

（22）利用上述方法，将其余文字旋转。此时图像的效果如图4-1-9所示。

图4-1-8　　　　　　　　　　　　　　　　图4-1-9

### 5．制作说明文字

（1）在"图层"调板上，单击"创建新图层"按钮 ，建立一个新图层。

（2）设置前景色为纯紫。

（3）单击"矩形选框工具" ，画一个矩形框。

（4）按下"Alt+Delete"组合键，将选区内填充为前景色。

（5）单击"横排文字工具" **T**，弹出文字工具选项栏；设置字体为黑体，大小为25点，颜色为白色，字间距为150；输入"中小学生科学普及读物丛书"，单击"提交所有当前编辑" ，完成文字的输入。

（6）设置字体为理德综艺简，大小为45点，颜色为黑色，字间距为250；输入"英语中级读物"，单击"提交所有当前编辑" ，完成文字的输入。

（7）单击"图层"→"图层样式"→"外发光"菜单命令，对文字进行发光处理。其中参数：混合模式为滤色、不透明度为75%、杂色为0%、颜色为白色、方法为精确、扩展为2%、大小为5像素，其他参数取默认值。

（8）在"图层"调板上，单击"创建新图层"按钮 ，建立一个新图层。

（9）设置前景色为浅洋红。

（10）单击"铅笔工具" ，设置画笔为3，然后按下"Shift"键在图层上画一条直线。

（11）单击"横排文字工具" **T**，弹出文字工具选项栏；设置字体为黑体，大小为25点，颜色为黑色，字间距为150；输入"青少年科学技术馆组织编写"，单击"提交所有当前编辑"✓，完成文字的输入。

（12）单击"图层"→"图层样式"→"外发光"菜单命令，对文字进行发光处理。其中参数：混合模式为滤色、不透明度为75%、杂色为0%、颜色为白色、方法为精确、扩展为3%、大小为3像素，其他参数取默认值。

（13）单击"横排文字工具"**T**，弹出文字工具选项栏；设置字体为黑体，大小为35点，颜色为黑色，字间距为150，伪粗体；输入"赵赫玥　主编"，单击"提交所有当前编辑"✓，完成文字的输入。此时图像的效果如图4-1-10所示。

### 6. 制作英文

（1）单击"横排文字工具"**T**，弹出文字工具选项栏；设置字体为Arial，字形为Bold，大小为65点，字间距为250，颜色为纯黄绿，输入"A"；设置颜色为蜡笔洋红，输入"B"；设置颜色为CMYK青，输入"c"；设置颜色为纯黄，输入"g"；设置颜色为纯蓝紫，输入"n"；设置颜色为纯黄橙，输入"R"；设置颜色为浅紫洋红，输入"W"；设置颜色为纯红，输入"Y"；单击"提交所有当前编辑"✓，完成文字的输入。此时图像的效果如图4-1-11所示。

图4-1-10

图4-1-11

（2）在文字上，单击鼠标右键，选择"栅格化文字"菜单命令，将文字图层转变为普通图层。

（3）单击"魔棒工具"✎，将字母A选取。

（4）单击"编辑"→"自由变换"菜单命令，将字母A变换。

（5）利用上述方法将其余字母变换。

至此趣味科普封面案例制作完毕，效果如图4-1-1所示。

## 4.2　动物世界光盘封面

### 4.2.1　案例分析

这是一张动物世界多媒体光盘封面，如图4-2-1所示。利用内部倾斜滤镜制作出立体方块，在不同颜色的立体方块上写入文字、贴入光盘内的动物图片，光盘中的内容一目了然。利用渐变工具、雕刻滤镜、光晕滤镜制作的文字"动物世界"，色彩斑斓，亮丽醒目，突出了光盘的主题。色调明快的风景底图，将五彩缤纷的动物相框衬托得更加生动、自然。

图 4-2-1

## 4.2.2 制作方法

### 1. 制作标题

（1）单击"文件"→"新建"菜单命令，建立一个宽度、高度都为 300 像素的新文件。

（2）在"图层"调板上，单击"创建新图层"按钮 ，建立一个新图层。

（3）设置前景色为淡冷褐。

（4）单击"矩形选框工具" ，在选项栏中设置参数：样式为固定大小、宽度为 200 像素、高度为 200 像素，单击画面的左上方，画出一个正方形框。

（5）按下"Alt+Delete"组合键，将选区内填充为前景色，如图 4-2-2 所示。

（6）单击"滤镜"→"Eye Candy 3.0"（甜蜜眼神）→"Inner Bevel"（内部倾斜）菜单命令，对正方形进行立体处理。其中参数：Bevel Width（斜面宽度）为 15、Bevel Shape（斜面形状）为 Rounded、Smoothness（光滑度）为 5、Shadow Depth（阴影深度）为 50、Highlight Brightness（高光区亮度）为 80、Highlight Sharpness（高光区清晰度）为 40、Direction（方向）为 135、Inclination（倾角）为 45，效果如图 4-2-3 所示。

图 4-2-2

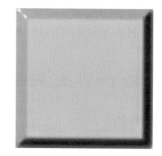

图 4-2-3

（7）按下"Ctrl+D"组合键，取消选框。

（8）单击"矩形选框工具"，在选项栏中选择样式为正方形，选取立体按钮上的正方形平面。

（9）设置前景色为蜡笔黄。

（10）按下"Alt+Delete"组合键，将选区内填充为前景色，如图4-2-4所示。

（11）按下"Ctrl+D"组合键，清除选区。

（12）在"图层"调板上，单击"创建新图层"按钮，建立一个新图层。

（13）单击"横排文字蒙版工具"，设置文字的字体为综艺简体、大小为75点；在图像上文字出现的位置单击鼠标左键，然后输入"动物"；单击"提交所有当前编辑"，完成文字框的输入。

（14）单击"渐变工具"，设置渐变方式为径向渐变，渐变颜色为色谱渐变。

（15）在文字框中心由内向外画一条直线，将文字框填充为渐变色，如图4-2-5所示。

（16）重复执行步骤（13）～（15），制作渐变字"动物世界"，如图4-2-5所示。

图 4-2-4

图 4-2-5

（17）按下"Ctrl+D"组合键，取消文字选框。

（18）单击"滤镜"→"Eye Candy 3.0"（甜蜜眼神）→"Carve"（雕刻）菜单命令，制作雕刻文字。其中参数：Bevel Width（斜面宽度）为20、Bevel Shape（斜面形状）为Mesa、Smoothness（光滑度）为5、Shadow Depth（雕刻深度）为50、Darken Depths（暗部区域）为50、Highlight Brightness（高光区亮度）为100、Highlight Sharpness（高光区清晰度）为30、Direction（方向）为135、Inclination（倾角）为45，效果如图4-2-6所示。

（19）单击"编辑"→"描边"菜单命令，给文字加上白边。其中参数：宽度为3像素、颜色为白色、位置为居外、不透明度为100%、模式为正常，效果如图4-2-7所示。

（20）单击"编辑"→"描边"菜单命令，给文字加上黑边。其中参数：宽度为3像素、颜色为黑色、位置为居外、不透明度为80%、模式为正常，效果如图4-2-7所示。

图 4-2-6

图 4-2-7

（21）在"图层"调板中单击 ，选择"向下合并"菜单命令，将文字图层与其下面方形物体图层合并。

## 2．将标题嵌入底图

（1）单击"文件"→"打开"菜单命令，打开一幅风景图像作为底图，如图 4-2-8 所示，其文件名为 d2。

（2）单击"移动工具" ，拖动标题到底图中，效果如图 4-2-9 所示。

（3）单击"横排文字工具"T，弹出文字工具选项栏；设置文字的字体为 Times New Roman、大小为 36 点、颜色为白色；在图像上文字出现的位置单击鼠标左键，然后输入"Animal World"；单击"提交所有当前编辑" ，完成文字的输入，效果如图 4-2-9 所示。

## 3．制作动物相框

（1）设置前景色为白色。

（2）单击"矩形工具" ，在选项栏上，选择"形状图层" ，拖动鼠标画出一个矩形。

（3）单击"图层"·"栅格化"→"形状"菜单命令，将形状图层转变为普通图层。

（4）单击"滤镜"→"Eye Candy 3.0"（甜蜜眼神）→"Inner Bevel"（内部倾斜）菜单命令，制作一个白色相框。其中参数：Bevel Width（斜面宽度）为 5、Bevel Shape（斜面形状）为 Rounded、Smoothness（光滑度）为 5、Shadow Depth（阴影深度）为 50、Highlight Brightness（高光区亮度）为 80、Highlight Sharpness（高光区清晰度）为 40、Direction（方向）为 135、Inclination（倾角）为 45，效果如图 4-2-9 所示。

（5）单击"移动工具" ，按下"Alt"键，对白色相框进行复制。

（6）设置前景色为 RGB 绿。

（7）按下"Ctrl"键，在"图层"调板上，单击当前图层，调出当前图层选区。

（8）按下"Alt+Delete"组合键，将选区内填充为前景色。

（9）单击"滤镜"→"Eye Candy 3.0"（甜蜜眼神）→"Inner Bevel"（内部倾斜）菜单命令，制作一个绿色相框。其中参数：Bevel Width（斜面宽度）为 5、Bevel Shape（斜面形状）为 Rounded、Smoothness（光滑度）为 5、Shadow Depth（阴影深度）为 50、Highlight Brightness（高光区亮度）为 80、Highlight Sharpness（高光区清晰度）为 40、Direction（方向）为 135、Inclination（倾角）为 45，效果如图 4-2-9 所示。

图 4-2-8

图 4-2-9

（10）重复执行步骤（5）～（10），制作其他颜色的相框，效果如图 4-2-9 所示。

（11）单击"文件"→"打开"菜单命令，打开一幅动物图像，其文件名为 d3。

（12）单击"移动工具"▶⊕，拖动动物图像到底图上。

（13）单击"编辑"→"自由变换"菜单命令，对动物图像进行缩放，并将其移动到一个相框上，制作出一个动物相框。

（14）在"图层"调板上，按下"Ctrl"键将动物相框的两个图层都选中，然后单击▼☰，选择"合并图层"菜单命令，将选中的图层合并为一个图层。

（15）重复执行步骤（11）～（14），打开 10 幅动物图像，其文件名为 d4 至 d13，制作其余的动物相框，效果如图 4-2-10 所示。

图 4-2-10

（16）单击"编辑"→"自由变换"菜单命令，将动物相框旋转。

（17）单击"移动工具"▶⊕，将动物相框移动。

（18）多次重复执行步骤（16）、（17），直到满意的布局。

至此动物世界光盘封面案例制作完毕，效果如图 4-2-1 所示。

## 4.3 计算机键盘广告

### 4.3.1 案例分析

这是一幅计算机键盘广告画，如图 4-3-1 所示。在太阳花丛中出现一个计算机键盘，与键盘的品牌"太阳花"相吻合。一颗有计算机操作系统 Windows 98 标志的尖尖四角星，代表计算机是当今尖端的科学技术，而键盘能够敲开通向计算机世界的大门。用太阳花图案制作出文字"太阳花键盘"别具一格，与整个广告浑然一体、主题鲜明。

图 4-3-1

## 4.3.2　制作方法

### 1．制作底图

（1）单击"文件"→"打开"菜单命令，打开一幅天空图像、一幅太阳花图像，如图 4-3-2、图 4-3-3 所示，其文件名为 d14 和 d15。

图 4-3-2

图 4-3-3

（2）单击"移动工具" ，拖动太阳花到天空图像上。

（3）单击"编辑"→"自由变换"菜单命令，将图像调整为与底图的宽度一致。

（4）单击"椭圆选框工具" ，设置羽化为 10。在太阳花图像上拖动鼠标画出一个椭圆框。

（5）单击"选择"→"反向"菜单命令，选取椭圆框以外的区域。

（6）按下"Delete"键，清除选区内的图像，完成底图的制作，效果如图 4-3-4 所示。

### 2．嵌入键盘

（1）单击"文件"→"打开"菜单命令，打开一幅键盘图像，如图 4-3-5 所示，其文件名为 d16。

图 4-3-4

图 4-3-5

（2）单击"魔棒工具" ，按下"Shift"键，单击图像中的黑色区域，将黑色区域全部选取。

（3）单击"选择"→"反向"菜单命令，将键盘选取。

（4）单击"移动工具"，拖动键盘到底图上。

（5）单击"编辑"→"自由变换"菜单命令，将键盘缩放并移动到适当位置。

（6）单击"图层"→"图层蒙版"→"显示全部"菜单命令，为键盘图层添加一个图层蒙版。

（7）单击"渐变工具"，设置渐变方式为线性渐变，渐变颜色为前景色到背景色渐变。

（8）在键盘与太阳花交界的地方，从下方向上方画一条直线，制作出键盘渐渐隐入太阳花丛中的效果，如图 4-3-6 所示。

### 3．制作四角星

（1）在"图层"调板上单击"创建新图层"按钮，建立一个新图层。

（2）单击"滤镜"→"Eye Candy 3.0"（甜蜜眼神）→"Star"（星光）菜单命令，制作一个四角星。其中参数：Number of Sides（尖端数目）为 4、Indentation（凹进距离）为 75、Scale（缩放）为 100、X–shift（X 偏移）为 0、Y–shift（Y 偏移）为 0、Opacity（不透明度）为 100%、Orientation（角度）为 180、Inner Color（内侧颜色）为黑色、Outer Color（外侧颜色）为蓝色。

（3）单击"移动工具"，将四角星移动到适当位置，如图 4-3-7 所示。

（4）单击"文件"→"打开"菜单命令，打开一幅 Windows 98 界面图，如图 4-3-8 所示，其文件名为 d17。

（5）单击"选择"→"全部"菜单命令，选中图形。

（6）单击"移动工具"，拖动 Windows 98 界面图到底图上。

（7）单击"编辑"→"自由变换"菜单命令，将 Windows 98 界面图缩放并移动到四角星的中央。

图 4-3-6                                          图 4-3-7

图 4-3-8

（8）在"图层"调板上，设置不透明度为 80%。

（9）单击"椭圆选框工具" ，设置羽化为 10。在 Windows 98 界面图上拖动鼠标画出一个椭圆框。

（10）单击"选择"→"反向"菜单命令，选取椭圆框以外的区域。

（11）按下"Delete"键，清除选区内的图像，效果如图 4-3-9 所示。

### 4．制作文字

（1）在"图层"调板上单击"创建新图层"按钮，建立一个新图层。

（2）单击"横排文字蒙版工具"，弹出文字工具选项栏；设置文字的字体为综艺简体、大小为 36 点；在图像上单击鼠标左键，然后输入"太阳花键盘"；单击"提交所有当前编辑"，完成文字框的输入。

（3）单击"文件"→"打开"菜单命令，打开如图 4-3-3 所示的太阳花图像。

（4）单击"选择"→"全部"菜单命令，将太阳花图像全部选取。

（5）单击"编辑"→"拷贝"菜单命令，将太阳花图像复制到剪贴板上。

（6）回到正在制作的图像中，单击"编辑"→"贴入"菜单命令，并可使用"移动工具"调整太阳花的位置，制作出图像文字，如图 4-3-10 所示。

（7）单击"图层"→"图层蒙版"→"应用"菜单命令，移走文字"太阳花键盘"的图层蒙版。

（8）单击"滤镜"→"Eye Candy 3.0"（甜蜜眼神）→"Glow"（光晕）菜单命令，制作文字的晕光效果。其中参数：Width（光晕宽度）为 20、Opacity（不透明度）为 100%、Opacity

Dropoff（光晕形式）为 Fat、Color（光晕颜色）为白色，如图 4-3-11 所示。

图 4-3-9

图 4-3-10

图 4-3-11

（9）单击"横排文字工具" **T**，弹出文字工具选项栏；设置文字的字体为综艺简体、大小为 30 点、颜色为白色；在图像上文字出现的位置单击鼠标左键，然后输入"敲开通向世界的大门"；单击"提交所有当前编辑" ✓，完成文字的输入。

至此计算机键盘广告案例制作完毕，效果如图 4-3-1 所示。

## 4.4 石头浮雕壁画

### 4.4.1 案例分析

这是一幅石头浮雕壁画，如图 4-4-1 所示。马术、体操、足球、篮球、踢毽、拳击、棒球、冰球、自行车、跑步，将这些姿态各异的运动剪影保存为纹理，再通过纹理化滤镜，则运动剪影变成了石头浮雕。黑、白两色文字"发展体育运动　增强人民体质"，通过位移滤镜将其精确移动，再与石质文字"发展体育运动　增强人民体质"结合在一起，使文字产生了石头浮雕的效果。整幅石头浮雕效果逼真、活灵活现。

图 4-4-1

## 4.4.2 制作方法

### 1. 制作纹理

（1）单击"文件"→"新建"菜单命令，建立一个新图像。其中参数：宽度为 945 像素、高度为 680 像素、分辨率为 100 像素/英寸、颜色模式为 RGB、背景内容为白色。

（2）单击"文件"→"打开"菜单命令，打开 12 幅运动剪影图像，其文件名为 d18 至 d29。其中参数：选中"消除锯齿"和"约束比例"复选框、分辨率为 100 像素/英寸、高度为 180 像素，其他为默认值。

（3）单击"移动工具" ，拖动运动图像到新建图像中。

（4）单击"编辑"→"自由变换"菜单命令，将运动图像缩放并移动到适当位置。

（5）多次执行步骤（3）、（4），直到所有运动图像都移动到新建图像中，效果如图 4-4-2 所示。

（6）在"图层"调板上单击，选择"拼合图像"菜单命令，将所有的图层合并为一个图层。

（7）单击"图像"→"调整"→"反相"菜单命令，对图像的色调进行反转，效果如图 4-4-3 所示。

图 4-4-2

图 4-4-3

（8）单击"文件"→"保存"菜单命令，将图像保存为"运动.psd"文件。

### 2. 制作运动图像浮雕

（1）单击"文件"→"打开"菜单命令，打开一幅石头底纹，如图4-4-4所示，其文件名为d30。

（2）在"图层"调板上，拖动"背景"图层到"创建新的图层"，复制"背景"图层为"背景 副本"图层。

（3）单击"滤镜"→"纹理"→"纹理化"菜单命令，载入运动图像纹理，制作石头浮雕。其中参数：纹理为载入纹理（单击，选择"载入纹理"，在"打开"对话框中选择"运动.psd"文件）、缩放为100%、凸陷为50、光照为右上，效果如图4-4-5所示。

图 4-4-4 图 4-4-5

（4）单击"编辑"→"渐隐纹理化"菜单命令，减弱石头浮雕效果。其中参数：不透明度为80%、模式为正常。

### 3. 制作文字浮雕

（1）单击"横排文字工具"，弹出文字工具选项栏；设置文字的字体为宋黑简体、大小为65点、行间距为80点、颜色为黑色；在图像上文字出现的位置单击鼠标左键，然后输入"发展体育运动 增强人民体质"；单击"提交所有当前编辑"，完成文字的输入，如图4-4-6所示。

（2）单击"图层"→"栅格化"→"文字"菜单命令，将文本图层转换为普通图层。

（3）在"图层"调板上，拖动"背景"图层到"创建新图层"按钮，复制"背景"图层为"背景 副本2"图层，并将该图层放在文字图层之上。

（4）按下"Ctrl"键，在"图层"调板上单击文字图层缩览图，将文字框置入"背景 副本2"图层。

（5）单击"选择"→"反向"菜单命令，再按下"Delete"键，删除文字框以外的区域，制作出石头纹理文字。

（6）按下"Ctrl+D"组合键，清除文字框。

（7）将文字图层作为当前图层，单击"滤镜"→"其他"→"位移"菜单命令，将黑色文字移动。其中参数：水平为−3像素右移、垂直为3像素下移、未定义区域为折回，效果如图4-4-7所示。

图 4-4-6                 图 4-4-7

（8）设置前景色为白色。

（9）在"图层"调板上，拖动"背景 副本 2"图层到"创建新图层"按钮，复制"背景 副本 2"图层为"背景 副本 3"图层。

（10）选中"背景 副本 2"图层为当前图层，按下"Ctrl"键，在"图层"调板上单击"背景 副本 2"图层缩览图，调出文字框。

（11）将前景色设置为白色，按下"Alt+Delete"组合键，将文字框内填充为白色。

（12）按下"Ctrl+D"组合键，清除文字框。

（13）单击"滤镜"→"其他"→"位移"菜单命令，将白色文字移动。其中参数：水平为 3 像素右移、垂直为-3 像素下移、未定义区域为折回。

（14）在"图层"调板上，按下"Ctrl"键将黑白两个文字图层同时选中，然后单击，选择"合并图层"菜单命令，将所选的图层合并为一个图层。

（15）单击"滤镜"→"模糊"→"高斯模糊"菜单命令，对黑白文字进行模糊处理。其中参数：半径为 1 像素。

至此石头浮雕壁画案例制作完毕，效果如图 4-4-1 所示。

## 4.5 小提琴演奏会招贴画

### 4.5.1 案例分析

这是一幅小提琴演奏会的招贴画，如图 4-5-1 所示。青山绿水、彩蝶双飞，千古流传的爱情故事，在悠扬的小提琴声中更加荡气回肠。蓝色文字"梁山伯与祝英台"上的镜头光晕，涟漪的水中倒影，为小提琴演奏会增添了浪漫、舒情的色彩。斜放在乐谱上的小提琴说明，这是一场小提琴演奏会，优美的旋律一定让您度过一个美好的夜晚。

图 4-5-1

## 4.5.2 制作方法

### 1. 制作底图

（1）单击"文件"→"打开"菜单命令，打开两幅图像，如图 4-5-2、图 4-5-3 所示，其文件名为 d31、d32。

图 4-5-2

图 4-5-3

（2）单击"多边形套索工具"  ，设置羽化值为 2px，将山脉选取。

（3）单击"移动工具"  ，在当前选区内按下鼠标左键不放，将其拖到绿色水面上。

（4）单击"编辑"→"自由变换"菜单命令，对山脉进行缩放、移动，完成底图的制作，效果如图 4-5-4 所示。

### 2. 嵌入小提琴

（1）单击"文件"→"打开"菜单命令，打开一幅乐谱小提琴图像，如图 4-5-5 所示，其文件名为 d33。

图 4-5-4                                            图 4-5-5

（2）单击"移动工具" ，拖动小提琴图像到底图上。

（3）单击"编辑"→"自由变换"菜单命令，对小提琴图像进行缩放、移动。

（4）单击"矩形选框工具" ，设置羽化为 20 像素。

（5）拖动鼠标将乐谱小提琴图像选取。

（6）单击"选择"→"反向"菜单命令，选取相反的区域。

（7）按下 3 次"Delete"键，图像边缘被羽化，与底图融合在一起。

（8）单击"图层"→"图层蒙版"→"显示全部"菜单命令，为乐谱小提琴图层添加一个图层蒙版。

（9）单击"渐变工具" ，设置渐变方式为线性渐变 ，渐变颜色为前景到背景渐变。

（10）在乐谱小提琴与山脉交界的地方，从左下方向右上方画一条直线，使乐谱小提琴与底图融合得更自然。

（11）在"图层"调板上，设置不透明度为 70%，效果如图 4-5-6 所示。

3．制作标题

（1）单击"横排文字工具" T，弹出文字工具选项栏；设置文字的字体为粗圆简体、大小为 75 点、颜色为蓝色、仿粗体；在图像上文字出现的位置单击鼠标左键，然后输入"梁山伯与祝英台"；单击"提交所有当前编辑" ，完成文字的输入。

（2）单击"图层"→"图层样式"→"斜面和浮雕"菜单命令，将文字立体化。其中参数：样式为外斜面、方式为平滑、深度为 100%、方向为上、大小为 5 像素、软化为 3 像素、角度为 135 度、高光不透明度为 100%、暗调不透明度为 100%，其余参数取默认值，效果如图 4-5-7 所示。

图 4-5-6                                            图 4-5-7

（3）单击"图层"→"栅格化"→"文字"菜单命令，将文本图层转换为普通图层。

（4）单击"滤镜"→"渲染"→"镜头光晕"菜单命令，对文字进行光晕处理。其中参数：亮度为100%、镜头类型为50～300毫米变焦，移动光晕中心到"梁"与"山"的中央，效果如图4-5-8所示。

（5）再次执行镜头光晕滤镜，移动光晕中心到"祝"与"英"的中央，效果如图4-5-8所示。

图 4-5-8

#### 4．嵌入蝴蝶

（1）单击"文件"→"打开"菜单命令，打开两幅蝴蝶图像，如图4-5-9、图4-5-10所示，其文件名为d34、d35。

图 4-5-9                图 4-5-10

（2）单击"魔棒工具"，单击空白区域。

（3）单击"选择"→"反向"菜单命令，将蝴蝶选取。

（4）单击"移动工具"，在蝴蝶上按住鼠标不放拖动到底图中。

（5）单击"编辑"→"自由变换"菜单命令，将蝴蝶缩放、旋转并移动到适当位置。

（6）单击"图层"→"图层样式"→"外发光"菜单命令，对蝴蝶进行发光处理。其中参数：混合模式为滤色、不透明度为70%、杂色为0、颜色为黄色、方法为柔和、扩展为3%、大小为18像素，其余参数取默认值。

（7）重复执行步骤（2）～（6），将另一只蝴蝶复制到底图中，效果如图4-5-11所示。

#### 5．制作水中倒影

（1）在"图层"调板上，按住"Ctrl"键，将文字图层与蝴蝶图层同时选中。

（2）在"图层"调板上单击，选择"合并图层"菜单命令，将所选的图层合并为一个图层。

（3）单击"移动工具" ，按下"Alt"键，在蝴蝶上按住鼠标不放拖动，将图像进行复制。

（4）单击"编辑"→"变换"→"垂直翻转"菜单命令，将图像垂直翻转。

（5）单击"移动工具" ，将图像移动到适当位置，制作出倒影效果，如图4-5-12所示。

图4-5-11 　　　　　　　　　　　　　　　　图4-5-12

（6）单击"滤镜"→"扭曲"→"波纹"菜单命令，使倒影产生水纹波动的效果。其中参数：数量为245、大小为中，效果如图4-5-13所示。

（7）在"图层"调板上，设置不透明度为50%，效果如图4-5-13所示。

（8）单击"编辑"→"变换"→"透视"菜单命令，对倒影进行近大远小的透视变形处理，完成水中倒影的制作，效果如图4-5-14所示。

图4-5-13 　　　　　　　　　　　　　　　　图4-5-14

### 6．制作文字

（1）单击"横排文字工具" T，弹出文字工具选项栏；设置文字的字体为粗圆简体、大小为20点、颜色为黑色；在图像上文字出现的位置单击鼠标左键，然后输入"小提琴演奏会"，设置大小为16点，然后输入"地点：北京音乐厅　演出：中央交响乐团　时间：6月8日19:30 票价：20元、40元、80元、150元"；单击"提交所有当前编辑" ，完成文字的输入，如图4-5-15所示。

（2）单击"图层"→"栅格化"→"文字"菜单命令，将文本图层转换为普通图层。

（3）单击"滤镜"→"Eye Candy 3.0"（甜蜜眼神）→"Glow"（光晕）菜单命令，制作文字的晕光效果。其中参数：Width（光晕宽度）为4、Opacity（不透明度）为100%、Opacity Dropoff（光晕形式）为Fat、Color（光晕颜色）为白色。

至此小提琴演奏会招贴画案例制作完毕，效果如图 4-5-1 所示。

图 4-5-15

## 4.6 手机广告

### 4.6.1 案例分析

这是一幅手机的广告，如图 4-6-1 所示。光芒四射的天空中飞出色彩缤纷、样式新颖的手机，意喻通信时代的来临，除了品质的要求，对品味更加注重。充满自信的白领丽人手掌中握着手机，仿佛告诉人们：POLYACT 手机是我的选择，也是您高品味的选择。手机商标设计独特，用球体设计师滤镜制作的彩色小球代替英文字母 O，体现了该品牌手机各方面都是实打实的出色产品，请您放心购买。整个广告别具匠心，令人过目不忘。

图 4-6-1

### 4.6.2 制作方法

#### 1. 制作底图

（1）单击"文件"→"打开"菜单命令，打开一幅底图，如图 4-6-2 所示，其文件名为 d36。

（2）单击"滤镜"→"模糊"→"径向模糊"菜单命令，对图像进行辐射柔化处理。其中参数：数量为42、模糊方法为缩放、品质为好，效果如图4-6-3所示。

图 4-6-2 　　　　　　　　　　　　　　　图 4-6-3

（3）单击"图像"→"调整"→"亮度/对比度"菜单命令，加强图像的亮度。其中参数：亮度为30、对比度为30，完成底图的制作，效果如图4-6-4所示。

### 2. 嵌入人物

（1）单击"文件"→"打开"菜单命令，打开一幅手握手机的人物图像，如图4-6-5所示，其文件名为d37。

图 4-6-4 　　　　　　　　　　　　　　　图 4-6-5

（2）单击"魔棒工具" ⚟，然后按下"Shift"键，单击人物以外的白色区域。

（3）单击"选择"→"反向"菜单命令，将人物选取。

（4）单击"移动工具" ⮒，在选区内按下鼠标左键不放，拖动人物图像到底图中。

（5）单击"编辑"→"自由变换"菜单命令，将人物缩放并移动到适当位置。

（6）单击"图像"→"调整"→"亮度/对比度"菜单命令，加强人物的亮度。其中参数：亮度为30、对比度为30。

（7）单击"图层"→"图层样式"→"外发光"菜单命令，加强人物边界的亮度。其中参数：混合模式为滤色、不透明度为80%、杂色为0、颜色为白色、方法为柔和、扩展5%、大小为38像素，效果如图4-6-6所示。

### 3. 嵌入手机

（1）单击"文件"→"打开"菜单命令，打开一幅手机图像，其文件名为d38。

（2）单击"魔棒工具" ⚟，单击手机以外的白色区域。

（3）单击"选择"→"反向"菜单命令，将手机选取。

（4）单击"移动工具"↖↔，拖动手机图像到底图中。

（5）单击"编辑"→"自由变换"菜单命令，将手机缩放、旋转并移动到适当位置。

（6）单击"编辑"→"变换"→"扭曲"菜单命令，对手机进行上大下小的处理，效果如图 4-6-7 所示。

图 4-6-6

图 4-6-7

（7）单击"滤镜"→"Eye Candy 3.0"（甜蜜眼神）→"Motion Trail"（运动轨迹）菜单命令，制作手机的飞行轨迹。其中参数：Length（轨迹长度）为 54、Opacity（不透明度）为 70%、Direction（方向）为 322，效果如图 4-6-8 所示。

（8）重复执行三次步骤（1）～（5）（根据手机方向确定步骤（5）中的轨迹方向），将另外三款手机嵌入底图中，其文件名为 d39、d40、d41，效果如图 4-6-9 所示。

图 4-6-8

图 4-6-9

### 4．制作文字

（1）单击"横排文字工具"T，弹出文字工具选项栏；设置文字的字体为 Arial Black、大小为 36 点、颜色为红色；在图像上文字出现的位置单击鼠标左键，然后输入"POLYACT"；单击"提交所有当前编辑"✓，完成文字的输入。

（2）单击"图层"→"图层样式"→"斜面和浮雕"菜单命令，制作文字的立体效果。其中参数：样式为枕状浮雕、方式为平滑、深度为 100%、方向为上、大小为 2 像素、软化为 2 像素、角度为 120 度，其余参数取默认值，效果如图 4-6-10 所示。

（3）单击"横排文字工具"T，弹出文字工具选项栏；设置文字的字体为粗黑繁体、大小为 26 点、颜色为黑色；在图像上文字出现的位置单击鼠标左键，然后输入"给您高品味的选择"；单击"提交所有当前编辑"✓，完成文字的输入。

（4）单击"图层"→"栅格化"→"文字"菜单命令，将文本图层转换为普通图层。

（5）单击"滤镜"→"Eye Candy 3.0"（甜蜜眼神）→"Glow"（光晕）菜单命令，制作文字的晕光效果。其中参数：Width（光晕宽度）为 6、Opacity（不透明度）为 100%、Opacity Dropoff（光晕形式）为 Fat、Color（光晕颜色）为白色，效果如图 4-6-10 所示。

图 4-6-10

### 5．制作商标

（1）设置背景色为纯绿。

（2）单击"文件"→"新建"菜单命令，建立一个新图像。其中参数：宽度为 800 像素、高度为 560 像素、分辨率为 100、颜色模式为 RGB、背景内容为背景色。

（3）在"图层"调板上，单击"创建新图层"按钮，建立一个新图层。

（4）设置前景色为浅蓝紫。

（5）单击"椭圆选框工具"，设置羽化为 10 像素。按下"Shift"键，在图层上用鼠标拖出一个圆框。

（6）按下"Alt+Delete"组合键，用前景色填充选区。

（7）按下"Ctrl+D"组合键，清除选区。

（8）设置前景色为白色。

（9）按下"Shift"键，在图层上用鼠标拖出一个圆框。

（10）按下"Alt+Delete"组合键，用前景色填充选区。

（11）单击"矩形选框工具"，按住"Alt"键，将下半部圆框减去。

（12）按下"Delete"键，删除选区内的图像，效果如图 4-6-11 所示。

（13）按下"Ctrl+D"组合键，清除选取框。

（14）单击"横排文字工具"T，弹出文字工具选项栏；设置文字的字体为 Arial、字形为 Bold、大小为 142 点、颜色为黑色、水平缩放为 60%；在图像上文字出现的位置单击鼠标左键，然后输入"P　LYACT"；单击"提交所有当前编辑"，完成文字的输入，效果如图 4-6-12 所示。

图 4-6-11

图 4-6-12

（15）在"图层"调板上，单击"创建新图层"按钮▣，建立一个新图层。

（16）单击"椭圆选框工具"○，设置羽化值为2，在图层上用鼠标拖出一个椭圆。

（17）设置前景色为黄色，按下"Alt+Delete"组合键，用前景色填充椭圆。

（18）单击"滤镜"→"KPT 3.0"→"KPT Spheroid Designer 3.0"（球体设计师）菜单命令，制作一个小球，效果如图4-6-13所示。

（19）单击"钢笔工具"✎，在图中画出一个曲线型的路径，再单击"转换点工具"⌐，对路径进行修改和细致的调整，得到一条光滑完整的路径。

（20）设置前景色为纯红。

（21）单击"画笔工具"✐，选择尖角9像素画笔。

（22）在"路径"调板上，单击▾☰，选择"描边路径"菜单命令，对路径进行描边处理。其中参数：工具为画笔，效果如图4-6-14所示。

图4-6-13　　　　　　　　　　　图4-6-14

（23）在"图层"调板上，按下"Ctrl"键单击，将商标所在的图层同时选中，然后单击▾☰，选择"合并图层"菜单命令，将选中的图层合并为一个图层。

（24）单击"移动工具"▸⊕，拖动商标图像到手机图像中。

（25）单击"编辑"→"自由变换"菜单命令，将商标缩放并移动到适当位置，效果如图4-6-15所示。

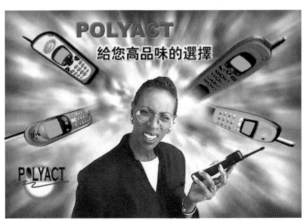

图4-6-15

（26）单击"横排文字工具"**T**，弹出文字工具选项栏；设置文字的字体为黑体繁体、大小为20点、颜色为白色；在图像上文字出现的位置单击鼠标左键，然后输入"超任资讯"；单击"提交所有当前编辑"✓，完成文字的输入。

至此手机广告案例制作完毕，效果如图4-6-1所示。

## 4.7 软件展示会招贴画

### 4.7.1 案例分析

这是一幅电脑软件展示会的招贴画，如图 4-7-1 所示。利用空间透视滤镜制作出光盘层出不穷、一望无边的效果，意喻展示会电脑软件内容繁多、不胜枚举。光盘封面别具一格，用电脑代替人的脑袋，并从电脑中狂奔出一个小兔子，意喻电脑能够帮助人类完成各种工作，其工作速度快如脱兔。朦胧的背景中电脑、地球……与整个画面巧妙地融合在一起，使主题文字"电脑软件展示会"更加鲜明。

图 4-7-1

### 4.7.2 制作方法

#### 1．制作光盘

（1）单击"文件"→"新建"菜单命令，建立一幅新图像，其中参数：宽度为 680 像素、高度为 760 像素、分辨率为 72 像素/英寸、模式为 RGB 颜色、背景内容为白色。

（2）单击"视图"→"标尺"菜单命令，从标尺处拖出参考线，1 条水平参考线，1 条垂直参考线，并可用移动工具调整其位置，效果如图 4-7-2 所示。

（3）按下"Alt"键，再按下"Shift"键，从参考线的交叉点开始画一个大圆形选择区，按下"Alt"键从中心拖动，然后放开"Alt"键，再按下"Alt+Shift"组合键，使画出的为正圆形并且圆的中心点在参考线的交叉点处，这样就在大圆中拖出一个同圆心的小圆，完成圆环的选取。

（4）在"色板"调板上，单击蓝色色块，设置前景色为浅青蓝。

（5）在"图层"调板上，单击"创建新图层"按钮，建立一个新图层。

（6）按下"Alt+Delete"组合键，用蓝色填充圆环，效果如图 4-7-3 所示。

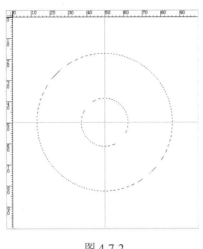

图 4-7-2

图 4-7-3

（7）单击"选择"→"修改"→"收缩"菜单命令，设置光盘的内外边框选区。其中参数：收缩量为 14 像素。

（8）单击"魔棒工具"按钮，按下"Shift"键，单击光盘内外白色区域。

（9）单击"选择"→"反向"菜单命令，将光盘的边框选取。

（10）在"色板"调板上，单击橘黄色色块，设置前景色为橘黄色，按下"Ctrl"键，单击深红色色块，设置背景色为深红色。

（11）单击"直线渐变工具"按钮，在"线性渐变选项"选项栏上，设置渐变方式为前景到背景渐变。

（12）在圆环上从上至下画一条直线，将光盘的内外边框填充为渐变色，如图 4-7-4 所示。

（13）按下"Ctrl+D"组合键，清除选取框。

（14）按下"Ctrl"键，在"图层"调板上单击当前图层缩览图，调出光盘选区。

（15）单击"选择"→"修改"→"收缩"菜单命令，其中参数：收缩量为 3 像素。

（16）单击"选择"→"反向"菜单命令，将当前选区反选。

（17）单击"魔术棒工具"按钮，按下"Alt"键，单击光盘内外白色区域。

（18）单击"选择"→"存储选区"菜单命令，将当前选区存储为"边 1"。

（19）单击"矩形选框工具"按钮，按下"Alt"键，减掉内圆选区。

（20）单击"图像"→"调整"→"亮度/对比度"菜单命令，将光盘外圆斜边加亮。其中参数：亮度为 43、对比度为 39，效果如图 4-7-5 所示。

图 4-7-4

图 4-7-5

（21）单击"选择"→"载入选区"菜单命令，将"边1"选区调出。

（22）单击"多边形套索工具"按钮，按下"Alt"键，减掉外圆选区。

（23）单击"图像"→"调整"→"亮度/对比度"菜单命令，将光盘内圆斜边加暗。其中参数：亮度为-45、对比度为-32，效果如图4-7-6所示。

（24）按下"Ctrl"键，在"图层"调板上单击当前图层缩览图，调出光盘选区。

（25）单击"选择"→"修改"→"收缩"菜单命令，其中参数：收缩量为11像素。

（26）单击"魔术棒工具"按钮，按下"Alt"键，单击蓝色区域。

（27）单击"选择"→"存储选区"菜单命令，将当前选区存储为"边2"。

（28）单击"矩形选框工具"按钮，按下"Alt"键，减掉内圆选区。

（29）单击"图像"→"调整"→"亮度/对比度"菜单命令，将光盘外圆斜边加暗。其中参数：亮度-45、对比度-32，效果如图4-7-7所示。

图4-7-6　　　　　　　　　　　　　　　　图4-7-7

（30）单击"选择"→"载入选区"菜单命令，将"边2"选区调出。

（31）单击"多边形套索工具"按钮，按下"Alt"键，减掉外圆选区。

（32）单击"图像"→"调整"→"亮度/对比度"菜单命令，将光盘内圆斜边加亮。其中参数：亮度为43、对比度为39，完成光盘的制作，效果如图4-7-8所示。

（33）单击"魔术棒工具"按钮，单击蓝色区域。

（34）单击"选择"→"存储选区"菜单命令，将当前选区存储为"蓝色"。

## 2．制作光盘封面

（1）单击"文件"→"打开"菜单命令，打开一幅图像，如图4-7-9所示，其文件名为d42。

图4-7-8　　　　　　　　　　　　　　　　图4-7-9

（2）单击"选择"→"全部"菜单命令，选中图像。

（3）单击"移动工具"按钮，按住图像拖动到光盘上。

（4）单击"编辑"→"自由变换"菜单命令，将图像缩放、移动。

（5）单击"选择"→"载入选区"菜单命令，将"蓝色"选区调出。

（6）单击"选择"→"反向"菜单命令，将当前选区反选。

（7）按下"Delete"键，删除当前选区内的图像，完成光盘封面的制作，效果如图 4-7-10 所示。

（8）单击"图层"→"拼合图像"菜单命令，将所有的图层合并为一个图层。

### 3．制作光盘空间透视效果

（1）单击"默认前景和背景色"按钮，再单击"切换前景和背景色"按钮，将前景色和背景色设置为白、黑色。

（2）单击"滤镜"→"KPT3.0"→"KPT Planar Tiling 3.0"（空间透视）菜单命令，制作光盘空间透视效果。其中参数：Mode（模式）为 Perspective Tiling（透视空间）、Glue（混合模式）为 Difference（差异混合）、Opacity（不透明度）为 100，效果如图 4-7-11 所示。

图 4-7-10

图 4-7-11

### 4．嵌入背景图像

（1）单击"图像"→"画布大小"，将画布尺寸加高，并将图像定位在正下方，如图 4-7-12 所示。

（2）单击"文件"→"打开"菜单命令，打开一幅背景图像，如图 4-7-13 所示，其文件名为 d43。

（3）单击"图像"→"调整"→"亮度/对比度"菜单命令，将背景图像加亮。其中参数：亮度为 33、对比度为 14，效果如图 4-7-14 所示。

（4）单击"选择"→"全部"菜单命令，选中整个图像。

（5）单击"编辑"→"拷贝"菜单命令，将背景图像复制。

（6）单击"魔棒工具"，按下"Shift"键在光盘图像中单击两块白色区域将它们同时选中。

（7）单击"编辑"→"贴入"菜单命令，将背景图像粘贴在选择区中。

（8）单击"编辑"→"自由变换"菜单命令，将背景图像缩放、移动，使其充满上半个画面。

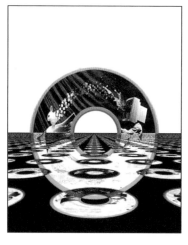

图 4-7-12                              图 4-7-13

### 5．制作文字

（1）单击"文字工具"按钮，在图像上单击鼠标左键，在 "文字工具"选项栏中设置文字的参数：字体为方正黑体简体、大小为 75、颜色为白色，然后输入"电脑软件展示会"，单击"对钩"提交。

（2）单击"移动工具"按钮，将文字移动到适当位置。

（3）单击"图层"→"图层样式"→"投影"菜单命令，给文字添加投影。其中参数：模式为正片叠底、不透明度为 100、角度为 120、距离为 10、扩展为 5、大小为 0，效果如图 4-7-15 所示。

图 4-7-14                              图 4-7-15

（4）单击"直排文字工具"按钮，在图像上单击鼠标左键，在"文字工具"选项栏中设置文字的参数：字体为方正黑体简体、大小为 30 点、颜色为黑色，然后输入"北京展览馆 九月五日至九月九日"，单击"对钩"提交。

（5）在图层调板中的文字图层名上单击鼠标右键，选择"栅格化文字"菜单命令，将文本图层转换成普通图层。

（6）单击"滤镜"→"Eye Candy 3.0"（甜蜜眼神）→"Glow"（光晕）菜单命令，制作

文字的晕光效果。其中参数：Width（光晕宽度）为 6、Opacity（不透明度）为 100、Opacity Dropoff（光晕形式）为 Fat、Color（光晕颜色）为白色。

（7）单击"移动工具"按钮，将文字移动到适当位置，即可完成电脑软件展示会的招贴画的制作，效果如图 4-7-1 所示。

## 4.8　三角包装盒

### 4.8.1　案例分析

这是一幅三角包装盒效果图，如图 4-8-1 所示。利用旋转命令、选框工具、透视命令等功能，制作出一个等腰三角形。利用画笔工具、高斯模糊滤镜制作出包装盒正面图案。利用扭曲命令将三角形、矩形巧妙地组合在一起，构成立体三角形包装盒，再通过调整包装盒侧面的亮度，使其立体效果更加逼真。利用色相/饱和度命令，将红色包装盒变成蓝色包装盒，蓝色图案变成红色图案。利用 DitherBox 滤镜制作出网格底图。整个包装盒造型别致，惟妙惟肖。

图 4-8-1

### 4.8.2　制作方法

#### 1．制作包装盒正面图

（1）单击"文件"→"新建"菜单命令，建立一个新图像，其中参数为：宽度为 537 像素、高度为 436 像素、分辨率为 72 像素/英寸、模式为 RGB 颜色、背景内容为白色。

（2）在"图层"调板上单击"创建新图层"按钮，建立一个新图层。

（3）单击"矩形选框工具"按钮，按下"Shift"键，画出一个矩形框。

（4）单击"选择"→"变换选区"菜单命令，按下"Shift"键，将矩形框旋转 45°。

（5）单击"矩形选框工具"按钮，按下"Alt"键，减掉下面的三角形。

（6）在"色板"调板上，单击红色色块，设置前景色为红色。

（7）按下"Alt+Delete"组合键，用红色填充选区，如图 4-8-2 所示。

（8）单击"编辑"→"变换"→"透视"菜单命令，将三角形底边缩小，如图 4-8-3 所示。

图 4-8-2             图 4-8-3

（9）单击"选择"→"修改"→"收缩"菜单命令，将选区缩小。由于收缩量最大为16，可多次执行此命令，将选区缩至合适大小。

（10）在"图层"调板上单击"创建新图层"按钮，建立一个新图层。

（11）在"色板"调板上单击CMYK青色块，设置前景色为淡青色。

（12）按下"Alt+Delete"组合键，用淡青色填充选区，如图4-8-4所示。

（13）按下"Ctrl+D"组合键，清除选区。

（14）在"图层"调板上单击"创建新图层"按钮，建立一个新图层。

（15）在"色板"调板上单击深绿色色块，设置前景色为深绿色。

（16）单击"画笔工具"按钮，在"画笔工具"选项栏上设置合适的笔画，在图层上画两笔，如图4-8-5所示。

图 4-8-4             图 4-8-5

（17）单击"滤镜"→"模糊"→"高斯模糊"菜单命令，对笔画进行模糊处理。其中参数：半径为9.0，效果如图4-8-6所示。

（18）按下"Ctrl"键，在"图层"调板上单击淡青色三角图层缩览图，调出淡蓝色三角选区。

（19）单击"选择"→"反向"菜单命令，将选区反选。

（20）按下"Delete"键，删除溢出蓝色三角形的图像，如图4-8-7所示。

图 4-8-6             图 4-8-7

（21）在"图层"调板上，单击"创建新图层"按钮，建立一个新图层。

（22）单击"画笔工具"按钮，在"画笔工具"选项栏上设置合适的笔画，在图层上画两笔，效果如图 4-8-8 所示。

（23）单击"滤镜"→"模糊"→"高斯模糊"菜单命令，对笔画进行模糊处理。其中参数：半径为 1.5，效果如图 4-8-8 所示。

（24）在"图层"调板上单击"创建新图层"按钮，建立一个新图层。

（25）按下"Ctrl"键，在"图层"调板上单击红色三角图层缩览图，调出红色三角选区。

（26）单击"选择"→"修改"→"收缩"菜单命令，将选区缩小。由于收缩量最大为 16，可多次执行此命令，将选区缩至合适大小。

（27）在"色板"调板上单击黄色色块，设置前景色为黄色。

（28）按下"Alt+Delete"组合键，用黄色填充选区。

（29）单击"选择"→"修改"→"收缩"菜单命令，将选区缩小。其中参数：收缩量为 7。

（30）按下"Delete"键，删除选区内的图像，效果如图 4-8-9 所示。

图 4-8-8

图 4-8-9

（31）单击"横排文字工具"按钮，在图像上单击鼠标左键，在"横排文字工具"选项栏中设置文字的参数：字体为 Arial、字形为 Bold、大小为 15、字间距为 700，然后输入"TIGHTS"，单击"对钩"提交。

（32）单击"移动工具"按钮，将文字移动到适当位置，如图 4-8-10 所示。

（33）在"图层"调板上单击"创建新图层"按钮，建立一个新图层。

（34）单击"直线工具"按钮，在"直线选项"选项栏上，设置粗细为 2。

（35）在图层上画两条直线，如图 4-8-10 所示。

（36）在"图层"调板上，将直线图层与文字图层同时选中，然后单击 ▼☰，选择"合并图层"菜单命令，将所选的图层合并为一个图层。

（37）单击"图层"→"图层样式"→"投影"菜单命令，给文字和直线加上投影，其中参数：混合模式为正片叠底、不透明度为 75、角度为 120、距离为 3、扩展为 2、大小为 0，完成包装盒正面图的制作，效果如图 4-8-11 所示。

图 4-8-10                                    图 4-8-11

### 2．制作包装盒侧面图

（1）在"图层"调板上单击"创建新图层"按钮，建立一个新图层。

（2）单击"矩形选框工具"按钮，画一个矩形框。

（3）在"色板"调板上单击红色色块，设置前景色为红色。

（4）按下"Alt+Delete"组合键，用红色填充选区，如图 4-8-12 所示。

（5）单击"横排文字工具"按钮，在图像上单击鼠标左键，在"文字工具"选项栏中设置文字的参数：字体为 Arial、字形为 Bold、大小为 15、字间距为 0、行距为 30、颜色为黄色，然后输入"ALBUM　BYKENZO"，单击"对钩"提交。

（6）选中字符 A，设置其字体为 Arial Black、大小为 24、设置基线偏移为−3，将字符变大并下移。

（7）重复步骤（6）的操作，将字符 K 也变大并下移，此时文字的效果如图 4-8-13 所示。

（8）单击"图层"→"栅格化"→"文字"菜单命令，将文本图层转换为变通图层。

（9）单击"图层"→"图层样式"→"投影"菜单命令，给文字加上投影，其中参数：混合模式为正片叠底、不透明度为 75、角度为 120、距离为 3、扩展为 2、大小为 0，完成包装盒侧面图的制作，效果如图 4-8-14 所示。

图 4-8-12                    图 4-8-13                    图 4-8-14

### 3．制作包装盒

（1）在"图层"调板上，按下"Ctrl"键单击图层，选中包装盒正面图中的所有图层，单击"链接"按钮 [链接] 建立链接。

（2）单击"编辑"→"变换"→"扭曲"菜单命令，将包装盒正面图扭曲，如图 4-8-15 所示。

（3）单击"视图"→"标尺"菜单命令，在图上显示标尺。

（4）从标尺处拖出参考线，2条水平参考线，2条垂直参考线，并可用移动工具调整其位置，效果如图4-8-15所示。

（5）将包装盒侧面图中的所有图层选中并建立链接。

（6）单击"编辑"→"变换"→"扭曲"菜单命令，将包装盒侧面图扭曲，效果如图4-8-15所示。

（7）单击"视图"→"标尺"菜单命令，隐藏标尺。单击"视图"→"显示"→"参考线"菜单命令，隐藏参考线。

（8）在"图层"调板上单击包装盒侧面图中的红色图层。

（9）单击"图像"→"调整"→"亮度/对比度"菜单命令，将包装盒侧面亮度调暗。其中参数：选中"使用旧版"复选框、亮度为-4、对比度为-11，效果如图4-8-16所示。

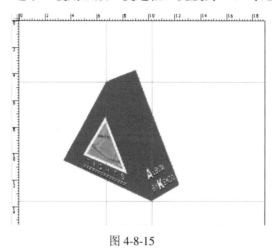

图 4-8-15

图 4-8-16

（10）在"图层"调板上，为包装盒所有图层建立链接。

（11）单击"文件"→"新建"菜单命令，建立一个与原图大小一样的新图像。

（12）回到包装盒图像中，单击"移动工具"按钮，拖动包装盒到新图像中。

（13）在"图层"调板上，将红色三角图层作为当前图层。

（14）单击"图像"→"调整"→"色相/饱和度"菜单命令，将红色三角调整为蓝色三角。其中参数：色相为-111、饱和度为-12、明度为-10。

（15）重复执行步骤（10）、（11），将红色矩形调整为蓝色矩形。

（16）在"图层"调板上，将淡蓝色三角图层作为当前图层。

（17）单击"图像"→"调整"→"色相/饱和度"菜单命令，将淡蓝色三角调整为红色三角。其中参数：色相为-180、饱和度为-12、明度为-10。

（18）拖动蓝色包装盒到红色包装盒图像中，效果如图4-8-17所示。

### 4．制作底图

（1）在"图层"调板上，将背景图层作为当前图层。

（2）单击"滤镜"→"杂色"→"添加杂色"菜单命令，为图层添加杂色斑点。其中参数：数量为66，高斯分布，效果如图4-8-18所示。

（3）单击"滤镜"→"模糊"→"动感模糊"菜单命令，对杂点进行模糊处理。其中参数：角度为-30、距离为20，效果如图4-8-1所示，这样一个三角包装盒就设计完成了。

图 4-8-17

图 4-8-18

## 4.9　建筑艺术光盘封面

### 4.9.1　案例分析

　　这是一幅建筑环境装饰艺术多媒体光盘的封面，如图 4-9-1 所示。利用环形渐变工具制作出由白色向绿色渐变的环状底图。利用合并链接图层命令，将多个建筑装饰艺术图像放在一个图层中。利用扭曲命令，制作出建筑环境装饰艺术图像的立方体魔方，突出了建筑环境装饰的三维效果。利用对称渐变工具，制作出中间白色，两端绿色的对称渐变文字"建筑环境装饰艺术"。整个封面构思独特，展示了建筑装饰的艺术魅力。

图 4-9-1

### 4.9.2　制作方法

#### 1．制作底图

　　（1）单击"文件"→"新建"菜单命令，建立一个正方形图像，其长、宽各为 800 像素，并设置前景色为深绿色，背景色为白色。

　　（2）在"图层"调板上，单击"创建新图层"按钮，建立一个新图层。

　　（3）按下"Alt+Delete"组合键，将图层填充为绿色。

（4）单击"渐变工具"按钮，在"渐变工具"选项栏上单击"径向渐变工具"按钮，设置渐变方式为前景到背景渐变，并选中"反向"复选框。

（5）在图层中心由内向外画一条直线，效果如图 4-9-2 所示。

（6）单击"矩形选框工具"按钮，在选项栏上设置羽化为 20。拖动鼠标在图像上画一个比图像稍小的正方形框。

（7）单击"选择"→"反向"菜单命令，将选区反选。

（8）按下"Delete"键，制作出模糊的边框，效果如图 4-9-3 所示。

（9）按下"Ctrl+D"组合键，清除选区。

图 4-9-2

图 4-9-3

## 2．制作立方体

（1）在"图层"调板上单击"创建新图层"按钮，建立一个新图层。

（2）按下"Ctrl+Delete"组合键，用白色填充新建图层。

（3）单击"视图"→"标尺"菜单命令，在图上显示标尺。

（4）从标尺处拖出参考线，4 条水平参考线，4 条垂直参考线，并可用移动工具调整其位置，效果如图 4-9-4 所示。

（5）单击"文件"→"打开"菜单命令，打开 4 幅图像，其文件名为 d44 至 d47。

（6）单击"移动工具"按钮，拖动 4 幅图像到新建图层上。

（7）单击"编辑"→"自由变换"菜单命令，将它们分别缩放并移动到适当位置，效果如图 4-9-5 所示。

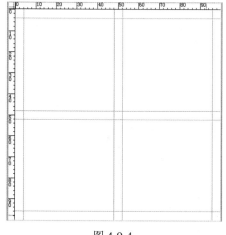

图 4-9-4

图 4-9-5

（8）在"图层"调板上，将四幅图像所在的图层与新建的白色图层同时选中，然后单击"▼≡"，选择"合并图层"菜单命令，将所选的图层合并为一个图层。

（9）单击"编辑"→"自由变换"菜单命令，按下"Shift"键将图像缩小，制作出立方体的一个贴面，效果如图4-9-6所示。

（10）重复执行步骤（1）～（7），制作立方体的另外两个贴面，效果如图4-9-7所示，其文件名为d48至d55。

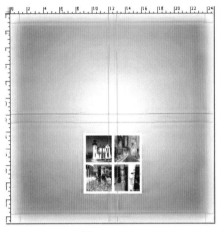

图4-9-6

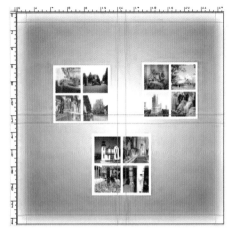

图4-9-7

（11）单击"视图"→"清除参考线"菜单命令，清除参考线。

（12）从标尺处拖出参考线，5条水平参考线，3条垂直参考线，并可用移动工具调整其位置，效果如图4-9-8所示。

（13）在"图层"调板上，将第一个贴面作为当前图层。

（14）单击"编辑"→"变换"→"扭曲"菜单命令，对图层进行变形处理，效果如图4-9-9所示。

图4-9-8

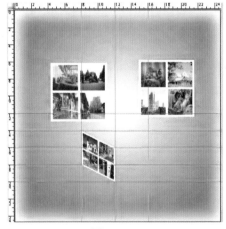

图4-9-9

（15）在"图层"调板上，将第二个贴面作为当前图层。

（16）单击"编辑"→"变换"→"扭曲"菜单命令，对图层进行变形处理，效果如图4-9-10所示。

（17）在"图层"调板上，将第三个贴面作为当前图层。

（18）单击"编辑"→"变换"→"扭曲"菜单命令，对图层进行变形处理，效果如图 4-9-11 所示。

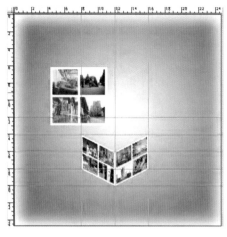 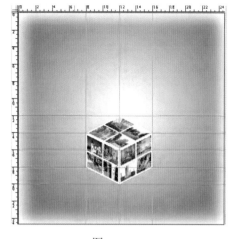

图 4-9-10                                图 4-9-11

（19）在"图层"调板上，同时选中三个贴面图层，然后单击 ，选择"合并图层"菜单命令，将链接图层合并为一个图层。

（20）单击"视图"→"清除参考线"菜单命令，将参考线清除。

（21）在"图层"调板上单击"创建新图层"按钮，建立一个新图层，制作立方体的投影效果。

（22）单击"矩形选框工具"按钮，在选项栏上设置羽化为 20。拖动鼠标画出一个正方形框。

（23）单击"默认前景和背景色"按钮，设置前景色为黑色。

（24）按下"Alt+Delete"组合键，将选区内填充为黑色。

（25）单击"编辑"→"变换"→"扭曲"菜单命令，对黑色方块进行变形处理，形成一个菱形。

（26）在"图层"调板上，将黑色方块所在的图层移到立方体图层下方，并将不透明度设置为 70，完成立方体的投影制作，效果如图 4-9-12 所示。

（27）按下"Ctrl+D"组合键，清除选区。

### 3．制作文字

（1）在"图层"调板上单击"创建新图层"按钮，建立一个新图层。

（2）单击"横排文字蒙版工具"按钮，在图像上单击鼠标左键，在"横排文字蒙版工具"选项栏中设置文字的参数：字体为方正综艺、大小为 75，然后输入"建筑环境装饰艺术"，单击"对钩"提交。

（3）将文字框移动到适当位置。

（4）在"色板"调板上单击绿色色块，设置前景为绿色。

（5）单击"渐变工具"按钮，在"渐变工具"选项栏上单击"对称渐变工具"按钮，设置渐变方式为前景色到背景色渐变。

（6）在文字框内，按住"Shift"键从中心向上画一条直线，将文字框内填充为渐变色，效果如图 4-9-13 所示。

图 4-9-12                         图 4-9-13

（7）按下"Ctrl+D"组合键，清除文字框。

（8）单击"图层"→"图层样式"→"斜面和浮雕"菜单命令，制作文字的立体效果。其中参数：结构为外斜面、方法为平滑、深度为 8、大小为 5、软化为 8、阴影角度为 120、高度为 30、高光模式为滤色、不透明度为 80、暗调模式为正片叠底、不透明度为 70，效果如图 4-9-1 所示。

## 4.10 工艺相框集锦

### 4.10.1 案例分析

这是一幅艺术相框集锦图，如图 4-10-1 所示。利用旋转技巧制作出太阳花瓣相框，利用定义笔画、路径描边制作出心型相框，利用杂色滤镜、动感模糊滤镜、内部倾斜滤镜制作出木质相框，利用通道、波纹滤镜、内部倾斜滤镜制作出花边相框。这些相框造型别致，充满了艺术魅力。利用摇动变形滤镜使文字"艺术相框"边界产生毛碴儿，增添了整幅画面的艺术效果。

图 4-10-1

### 4.10.2 制作方法

**1. 制作太阳花瓣相框**

（1）单击"文件"→"新建"菜单命令，建立一个新图像，其中参数：宽度为 640 像素、高度为 480 像素、分辨率为 72 像素/英寸、模式为 RGB 颜色、背景内容为白色。

（2）在"图层"调板上，单击"创建新图层"按钮，建立一个新图层。

（3）在"色板"调板上，单击淡蓝色色块，设置前景色为淡蓝色。

（4）单击"椭圆选框工具"按钮，在图层上画出一个椭圆。

（5）按下"Alt+Delete"组合键，用淡蓝色填充选区，如图 4-10-2 所示。

（6）在"图层"调板上，拖动当前图层到"创建新图层"按钮，将当前图层复制。

（7）单击"编辑"→"变换"→"旋转"菜单命令，按下"Shift"键，将复制图层旋转 90 度，效果如图 4-10-3 所示。

图 4-10-2                                    图 4-10-3

（8）在"图层"调板上，将花瓣图层同时选中，然后单击"▼≡"，选择"合并图层"菜单命令，将所选的图层合并为一个图层。

（9）在"图层"调板上，拖动当前图层到"创建新图层"按钮，将当前图层复制。

（10）单击"编辑"→"变换"→"旋转"菜单命令，按下"Shift"键，将复制图层旋转 45 度，效果如图 4-10-4 所示。

（11）在"图层"调板上，将花瓣图层同时选中，然后单击"▼≡"，选择"合并图层"菜单命令，将所选的图层合并为一个图层。

（12）在"图层"调板上，拖动当前图层到"创建新图层"按钮，将当前图层复制。

（13）单击"编辑"→"变换"→"旋转"菜单命令，将复制图层旋转 22.5 度，效果如图 4-10-5 所示。

图 4-10-4                                    图 4-10-5

（14）在"图层"调板上，将花瓣图层同时选中。然后单击"▼≣"，选择"合并图层"菜单命令，将所选的图层合并为一个图层。

（15）单击"椭圆选框工具"按钮，按下"Shift"键，在花瓣上拖动出一个圆。

（16）按下"Delete"键，删除当前选区，效果如图4-10-6所示。

（17）按下"Ctrl+D"组合键，清除选区。

（18）单击"图层"→"图层样式"→"斜面和浮雕"菜单命令，将花瓣立体化。其中参数：样式为内斜面、方法为平滑、深度为8、大小为3、软化为0、阴影角度为120、高度为30、高光模式为滤色、不透明度为75、暗调模式为正片叠底、不透明度为75，效果如图4-10-7所示。

图4-10-6                    图4-10-7

（19）单击"魔棒工具"按钮，单击花瓣白心。

（20）单击"选择"→"存储选区"菜单命令，将当前选区存储为"花心"。

（21）按下"Ctrl+D"组合键，清除选区。

（22）单击"文件"→"打开"菜单命令，打开一幅人物图像，如图4-10-8所示，其文件名为d56。

（23）单击"移动工具"按钮，拖动人物图像到花瓣相框中。

（24）单击"编辑"→"自由变换"菜单命令，对人物进行缩放。

（25）单击"选择"→"载入选区"菜单命令，调出"花心"选区。

（26）单击"选择"→"反向"菜单命令，将当前选区反选。

（27）按下"Delete"键，删除当前选区内的图像。

（28）按下"Ctrl+D"组合键，清除选取框，完成太阳花瓣相框的制作，效果如图4-10-9所示。

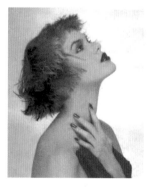

图4-10-8                    图4-10-9

（29）在"图层"调板上，选中背景图层以外的所有图层，单击"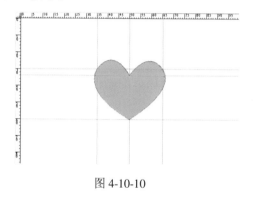"，选择"合并图层"菜单命令，将所选的图层合并为一个图层。

## 2．制作心型相框

（1）单击"文件"→"新建"菜单命令，建立一个新图像。其中参数为：宽度为 640 像素、高度为 480 像素、分辨率为 72 像素/英寸、模式为 RGB 颜色、背景内容为白色。

（2）在"图层"调板上单击"创建新图层"按钮，建立一个新图层。

（3）在"色板"调板上单击草绿色色块，设置前景色为草绿色。

（4）单击"视图"→"标尺"菜单命令，在图上显示标尺。

（5）从标尺处拖出参考线，3 条水平参考线，3 条垂直参考线，并可用移动工具调整其位置，效果如图 4-10-10 所示。

（6）单击"钢笔工具"按钮，在图中画出一个心型的路径，再单击"转换点工具"按钮，对路径进行细致的调整，得到一条光滑的心型路径，如图 4-10-10 所示。

（7）在"路径"调板上单击，选择"建立选区"菜单命令，将路径转变为选区。

（8）单击"视图"→"显示"→"标尺"、"参考线"菜单命令，隐藏标尺和参考线，如图 4-10-11 所示。

图 4-10-10                                     图 4-10-11

（9）单击"图层"→"图层样式"→"斜面和浮雕"菜单命令，将绿心立体化。其中参数：样式为内斜面、方法为平滑、深度为 200、大小为 10、软化为 5、阴影角度为 120、高度为 30、高光模式为滤色、不透明度为 60、暗调模式为正片叠底、颜色为深绿色、不透明度为 75，效果如图 4-10-12 所示。

（10）单击"编辑"→"自由变换"菜单命令，将绿心缩小。

（11）单击"编辑"→"定义画笔"菜单命令，将绿心定义为画笔。

（12）单击"画笔工具"按钮，在"画笔"选项栏上将绿心定义为画笔，在"画笔"调板上调整笔形，其中参数：间距为 80。

（13）按下"Delete"键，将绿心删除。

（14）按下"Ctrl+D"组合键，清除选取框。

（15）在"路径"调板上单击，选择"描边路径"菜单命令，用绿心笔形勾画路径。其中参数：工具为画笔，效果如图 4-10-13 所示。

图 4-10-12                      图 4-10-13

（16）在"路径"调板上的空白位置单击鼠标，隐藏路径。

（17）单击"魔棒工具"按钮，单击心型白心。

（18）单击"选择"→"存储选区"菜单命令，将当前选区存储为"心型"。

（19）单击"文件"→"打开"菜单命令，打开一幅人物图像，如图 4-10-14 所示，其文件名为 D57。

（20）单击"移动工具"按钮，拖动人物图像到心型相框中。

（21）单击"编辑"→"自由变换"菜单命令，对人物进行缩放。

（22）单击"选择"→"载入选区"菜单命令，调出"心型"选区。

（23）单击"选择"→"反向"菜单命令，反选当前选区。

（24）按下"Delete"键，删除当前选区内的图像。

（25）按下"Ctrl+D"组合键，清除选取框，完成心型相框的制作，效果如图 4-10-15 所示。

（26）在"图层"调板上，选中背景以外的所有图层，单击 ，选择"合并图层"菜单命令，将所选的图层合并为一个图层。

图 4-10-14                      图 4-10-15

### 3．制作木质相框

（1）单击"文件"→"打开"菜单命令，打开一幅人物图像，如图 4-10-16 所示，其文件名为 d58。

（2）在"图层"调板上，单击"创建新图层"按钮，建立一个新图层。

（3）单击"椭圆选框工具"按钮，画出一个椭圆选区。

（4）单击"选择"→"反向"菜单命令，将当前选区反选。

（5）在"色板"调板上，单击棕色色块，设置前景色为棕色。

（6）按下"Alt+Delete"组合键，用棕色填充选区，效果如图 4-10-17 所示。

图 4-10-16

图 4-10-17

（7）单击"滤镜"→"杂色"→"添加杂色"菜单命令，加入杂色斑点。其中参数：数量为 235、高斯分布为单色，效果如图 4-10-18 所示。

（8）单击"滤镜"→"模糊"→"动感模糊"菜单命令，对杂色斑点进行模糊处理。其中参数：角度为 45、距离为 23，效果如图 4-10-19 所示。

图 4-10-18

图 4-10-19

（9）单击"滤镜"→"Eye Candy 3.0"（甜蜜眼神）→"Inner Bevel"（内部倾斜）菜单命令，对相框进行立体处理。其中参数：Bevel Width（斜面宽度）为 6、Bevel Shape（斜面形状）为 Button、Smoothness（光滑度）为 4、Shadow Depth（阴影深度）为 33、Highlight Brightness（高光区亮度）为 100、Highlight Sharpness（高光区清晰度）为 32、Direction（方向）为 120、Inclination（倾角）为 45。

（10）按下"Ctrl+D"组合键，清除选取框，完成木质相框的制作，效果如图 4-10-20 所示。

（11）在"图层"调板上，单击█▼≡，选择"拼合图像"菜单命令，将所有的图层合并为一个图层。

**4．制作花边相框**

（1）单击"文件"→"打开"菜单命令，打开一幅人物图像，如图 4-10-21 所示，其文件名为 d59。

图 4-10-20                                           图 4-10-21

（2）在"通道"调板上单击"创建新通道"按钮，新建一个通道"Alpha1"。

（3）单击"矩形选框工具"按钮，画出一个矩形选区。

（4）按下"Alt+Delete"组合键，用前景色填充矩形选区，如图 4-10-22 所示。

（5）按下"Ctrl+D"组合键，清除选取框。

（6）单击"滤镜"→"扭曲"→"波纹"菜单命令，对通道进行波纹处理。其中参数：数量为 999、大小为中，效果如图 4-10-23 所示。

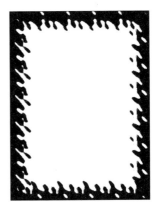

图 4-10-22                                           图 4-10-23

（7）在调板上单击"图层"，回到"图层"工作板。

（8）单击"文件"→"打开"菜单命令，打开一幅图像，其文件名为 d60。

（9）单击"移动工具"按钮，拖动图像到人物图像中，如图 4-10-24 所示。

（10）单击"选择"→"载入选区"菜单命令，调出通道"Alpha1"选区。

（11）按下"Delete"键，删除选区内的图像，效果如图 4-10-25 所示。

（12）单击"选择"→"反选"菜单命令，将选区反选。

（13）单击"滤镜"→"Eye Candy 3.0"（甜蜜眼神）→"Inner Bevel"（内部倾斜）菜单命令，对相框进行立体处理。其中参数：Bevel Width（斜面宽度）为 6、Bevel Shape（斜面形状）为 Button、Smoothness（光滑度）为 4、Shadow Depth（阴影深度）为 33、Highlight Brightness（高光区亮度）为 100、Highlight Sharpness（高光区清晰度）为 32、Direction（方向）为 120、Inclination（倾角）为 45。

图 4-10-24                           图 4-10-25

（14）按下"Ctrl+D"组合键，清除选取框，完成花边相框的制作，效果如图 4-10-26 所示。

（15）在"图层"调板上单击 ，选择"拼合图像"菜单命令，将所有图层合并为一个图层。

### 5．制作相框集

（1）单击"文件"→"打开"菜单命令，打开一幅底图，如图 4-10-27 所示，其文件名为 d61。

图 4-10-26                           图 4-10-27

（2）单击"移动工具"按钮，将四幅相框图像拖动到底图中。

（3）单击"编辑"→"自由变换"菜单命令，对相框进行缩放、旋转、移动，效果如图 4-10-28 所示。

### 6．制作文字

（1）单击"横排文字工具"按钮，在图像上单击鼠标左键，在"横排文字工具"选项栏中设置文字的参数：字体为方正粗黑、大小为 100、颜色为棕色，然后输入"艺术相框"，单击"对钩"提交。

（2）在"图层"调板中的文字图层名上单击鼠标右键，选择"栅格化图层"菜单命令，将文本图层转换成普通图层。

（3）通过使用"矩形选框工具"按钮、"移动工具"按钮、"自由变换"菜单命令，将文字移动、旋转，效果如图 4-10-29 所示。

图 4-10-28                                          图 4-10-29

（4）单击"滤镜"→"Eye Candy 3.0"（甜蜜眼神）→"Jiggle"（摇动变形）菜单命令，使文字边界产生毛碴儿。其中参数：Bubble Size（水泡大小）为 5、Warp Amount（变形数量）为 19、Twist（变形程度）为 90、Movement Type（变形方式）为 Brownian Motion（布郎运动），效果如图 4-10-30 所示。

图 4-10-30

（5）单击"图层"→"图层样式"→"投影"菜单命令，给文字添加投影。其中参数：模式为正片叠底、不透明度为 75、角度为 120、距离为 8、扩展为 5、大小为 5。

至此整个艺术相框集锦图的制作完毕，效果如图 4-10-1 所示。